Diego Neves

Navegue por belas paisagens do Cálculo

Volume III

Solucionário

Editora Ciência Moderna

Navegue por Belas Paisagens do Cálculo - Volume 3 – Solucionário

Editor: Paulo André P. Marques
Produção Editorial: Dilene Sandes Pessanha
Copidesque: Equipe Ciência Moderna

FICHA CATALOGRÁFICA

LEMOS, Diego Neves de.

Navegue por Belas Paisagens do Cálculo - Volume 3 – Solucionário

Rio de Janeiro: Editora Ciência Moderna Ltda., 2024.

1. Cálculo e Equações Integrais
I — Título

ISBN: 978-65-5842-334-8 CDD 515.4

Editora Ciência Moderna Ltda.
R. Alice Figueiredo, 46 – Riachuelo
Rio de Janeiro, RJ – Brasil CEP: 20.950-150
Tel: (21) 2201-6662/ Fax: (21) 2201-6896
E-MAIL: LCM@LCM.COM.BR
WWW.LCM.COM.BR

01/24

Sumário

III Green, Gauss, Stokes

Apresentação

A intenção primordial do livro Navegue por Belas Paisagens do Cálculo é a de introduzir os conceitos de Cálculo por meio das aplicações desta disciplina nas várias áreas do Conhecimento. E, não por acaso, grande parte destas aplicações está nos exercícios do livro. Com efeito, cada exercício é uma situação-problema cuidadosamente escolhida, e o leitor é convidado a fazer inferências, deduções e conclusões para, finalmente, resolver a situação-problema. Os exercícios funcionam então como um "caminho das pedras" para que o leitor faça ele mesmo as suas descobertas.

Questões com esse formato foram usadas ao longo de vários semestres em que lecionei uma disciplina de Cálculo Vetorial, e foram sempre muito bem recebidas pelos alunos.

No entanto, em vista da diversidade de situações abordadas, as inferências, as deduções e as conclusões nem sempre são muito claras, e o leitor eventualmente necessitará de uma ajuda para fazer as suas próprias descobertas. Para isso seria necessário escrever as soluções, e de modo a acompanhar o padrão dos exercícios, isto é, escrever com uma linguagem acessível e acompanhada de figuras que facilitassem a compreensão.

Estas foram as razões pelas quais sugeri ao Diego Neves que escrevesse este Solucionário, sugestão que ele acatou com entusiasmo.

A escolha do Diego não poderia ter sido melhor. Ainda como aluno ele teve um desempenho excepcional, destacando-se mesmo se comparado com alunos de vários outros anos. Foi criativo, com uma maturidade surpreendente, e com grande habilidade de formular suas próprias soluções.

Em razão deste desempenho, convidei o Diego para ser monitor da disciplina de Cálculo Vetorial, atividade que ele exerceu por vários semestres. Como monitor, ele ministrou aulas nas quais foram resolvidos praticamente todos os exercícios aqui apresentados. E não só isso, mas ele próprio propôs vários destes exercícios, principalmente aqueles voltados para a Engenharia Elétrica, que é a sua área de Conhecimento.

Este Solucionário é então o resumo de um trabalho elaborado ao longo de vários anos, resumo que agora vocês poderão acompanhar. Espera-se que ele ilumine eventuais pontos obscuros, e que de fato contribua para o entendimento das várias situações-problemas aqui apresentadas. Esse entendimento é essencial para aqueles que desejam se familiarizar com o mundo do Cálculo.

Celius A Magalhães
Brasília, Julho de 2022

Prefácio

Quando aluno, as questões discutidas aqui me fascinaram por ilustrar a abrangência dos conceitos do cálculo em várias variáveis. Era quase que incompreensível para mim como ferramentas matemáticas tão simples poderiam, por si só, explicar caraterísticas tão fundamentais da natureza. Ao mesmo tempo, essas questões me conduziram através da construção de raciocínios complexos, às vezes com um roteiro sutil e às vezes com uma trama repleta de reviravoltas, o que contribuiu para o meu amadurecimento como estudante.

Por outro lado, essas questões também me amedrontavam ocasionalmente. Solucionar cada uma delas era um trabalho árduo e demorado. Para sobreviver ao curso de cálculo, fiz e refiz todas elas inúmeras vezes. Logo percebi que apenas reproduzir os resultados de novo e de novo não me levaria a lugar algum, pelo contrário, isso faria com que eu decorasse aspectos muito específicos e de pouca utilidade em outras situações. O caminho correto foi balancear o foco entre os detalhes e o contexto mais amplo. Para isso, eu buscava olhar de forma diferente para uma questão cada vez que eu a solucionava, sempre questionando os porquês. Por que fazer essa simplificação e não aquela? Por que começar por aqui e não por ali?

Ao longo dos anos como monitor, vi que os alunos criavam relações muito diferentes com essas questões. Alguns preferiam manter distância, enquanto outros mantinham o mesmo questionamento na cabeça durante semanas. Alguns gostavam de discutir os raciocínios com os colegas, enquanto outros preferiam uma reflexão solitária. Todos conseguiram sucesso em certo nível. Entretanto, pude constatar que aqueles alunos que não aceitavam uma explicação rasa, que me questionavam até construírem seu próprio raciocínio, conquistaram um conhecimento mais sólido e duradouro. De certa forma, essa mesma estratégia de pensamento esteve presente na criação de novas questões a partir de exemplos que encontrei em disciplinas de física e engenharia. A riqueza e diversidade proporcionada por esses exercícios resultam de uma grande dedicação para isolar um conceito complexo das distrações que o cercam.

Enquanto escrevia as soluções trazidas aqui, pude novamente abordar as mesmas questões por novos pontos de vista. Desta vez, precisei fazer, ao mesmo tempo, o papel do aluno que não se contenta com a mera repetição de explicações e o papel do monitor que desafia seu próprio conhecimento para sanar as dúvidas levantadas. Depois de resolver essas questões dezenas de vezes ao longo dos anos, eu ainda me surpreendo com as descobertas que elas nos conduzem a fazer. Portanto, acredito que o aluno que refizer as questões sempre com uma nova perspectiva e questionar os porquês terá o máximo proveito daquilo que elas têm a oferecer. Este livro traz algumas das possíveis perspectivas e busca esclarecer todos os porquês.

Derivadas parciais

1. Espaços cartesianos

As questões deste capítulo ilustram as possibilidades de aplicações dos vetores tanto na Matemática como na Física. Os vetores introduzem uma linguagem versátil, poderosa e de fácil uso, o que os tornam a ferramenta básica para o estudo do Cálculo em várias variáveis. Vale dominar bem essa linguagem, que será usada sistematicamente ao longo de todos os outros capítulos.

Questão 1: Campo magnético estacionário

Considere um fio infinito ao longo do eixo $\mathscr{O}z$ percorrido no sentido positivo por uma corrente elétrica estacionária. Em um ponto $P = (x, y)$ do plano $\mathscr{O}xy$, a corrente gera um campo magnético $B(P)$ que tem a direção e o sentido ilustrados na figura abaixo. Pode-se mostrar que, no domínio $D = \{(x, y) \in \mathbb{R}^2;\ y > 0\}$, o campo é dado por $B(P) = (f_x(P), f_y(P))$, em que $f(x, y) = -K \arctan(x/y)$ é a função potencial e $K > 0$ é uma constante. Julgue os itens a seguir

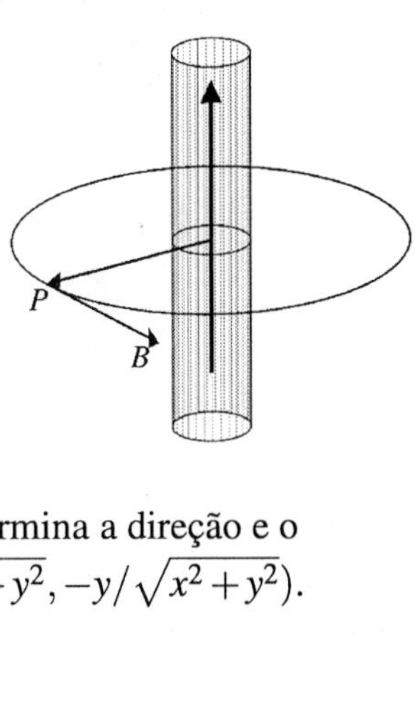

C | E a) O conjunto $C_{\frac{\pi}{4}} = \{(x, y) \in D; f(x, y) = \frac{-\pi}{4}\}$, uma curva equipotencial do campo, corresponde a uma semirreta que parte da origem.

C | E b) A derivada $f_x(x, y) = -\frac{d}{dx} K \arctan(x/y)$, com y fixo, é dada por $f_x(x, y) = -Ky/(x^2 + y^2)$.

C | E c) A intensidade $\|B(P)\| = \sqrt{f_x(P)^2 + f_y(P)^2}$ do campo B é constante ao longo de semirretas que partem da origem.

C | E d) O vetor unitário $U(P) = B(P)/\|B(P)\|$, que determina a direção e o sentido do campo, é dado por $U(P) = (x/\sqrt{x^2 + y^2}, -y/\sqrt{x^2 + y^2})$.

C | E e) O ângulo θ entre P e $B(P)$ é tal que $\cos(\theta) > 0$.

Solução.

C E a) O primeiro passo é verificar se, após simplificação, a equação de $f(x,y) = -K\arctan(x/y) = -\pi/4$ descreve uma reta. De fato,

$$-K\arctan\left(\frac{x}{y}\right) = -\frac{\pi}{4} \Rightarrow \frac{x}{y} = \tan\left(\frac{\pi}{4K}\right) \Rightarrow x = \tan\left(\frac{\pi}{4K}\right) y$$

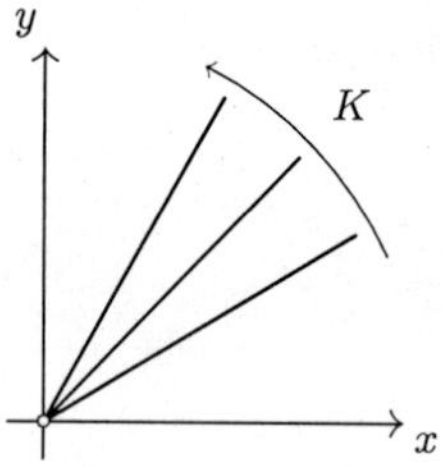

é a equação de uma reta. Como $(x,y) \in D \iff y > 0$, $C_{\pi/4}$ corresponde a uma semirreta que parte da origem. Portanto, a afirmação do item está certa. A figura ao lado ilustra semirretas obtidas para diferentes valores de K. O conjunto $C_{\pi/4}$ descreve a curva de nível $-\pi/4$ da função $f(x,y)$.

C E b) Sabendo que $\frac{d}{ds}\arctan(s) = 1/(1+s^2)$, pode-se usar a regra da cadeia para derivar $f(x,y)$ em relação a x como ilustrado abaixo:

$$f_x(x,y) = -K\frac{d}{dx}\arctan\left(\frac{x}{y}\right) = -K\left(\frac{1}{1+(x/y)^2}\right)\frac{d}{dx}\left(\frac{x}{y}\right)$$
$$= -K\frac{1/y}{1+(x/y)^2}.$$

Multiplicando o denominador e o numerador por y^2, obtém-se $f_x(x,y) = -Ky/(x^2+y^2)$. Assim, a afirmação do item está certa.

C E c) De forma análoga à apresentada no item anterior, a derivada em relação a y para x fixo é

$$f_y(x,y) = -K\frac{d}{dy}\arctan\left(\frac{x}{y}\right) = -K\left(\frac{1}{1+(x/y)^2}\right)\frac{d}{dy}\left(\frac{x}{y}\right)$$
$$= -K\frac{-x/y^2}{1+(x/y)^2}.$$

Após simplificação, tem-se que $f_y(x,y) = Kx/(x^2+y^2)$. Com isso, o campo magnético $B(P) = (f_x(P), f_y(P))$ é dado por

$$B(P) = \left(\frac{-Ky}{x^2+y^2}, \frac{Kx}{x^2+y^2}\right) = \frac{K}{\sqrt{x^2+y^2}}\left(\frac{-y}{\sqrt{x^2+y^2}}, \frac{x}{\sqrt{x^2+y^2}}\right)$$

A expressão mais à direita da equação acima é conveniente porque o vetor entre parenteses é unitário, deixando explicita a norma de $B(P)$. Assim, como $K > 0$, a intensidade do campo é $\|B(P)\| = K/\|P\|$. Portanto, ela é constante desde que $\|P\|$ não varie, ou seja, $\|B(P)\|$ é constante ao longo de círculos centrados na origem. Dessa forma, a afirmação do item está errada.

C E d) O vetor unitário que indica a direção e o sentido do campo já foi explicitado ao longo da solução do item anterior e é dado por $U(P) = (-y/\sqrt{x^2+y^2}, x/\sqrt{x^2+y^2})$. As coordenadas do vetor do enunciado estão trocadas em relação ao vetor correto. Por isso, a afirmação do item está errada.

C E e) A figura fornecida no enunciado indica que o campo B é ortogonal ao vetor posição P e, consequentemente, $\cos(\theta) = 0$. Tal afirmação pode ser verificada através do cálculo do produto escalar,

$$\langle P, B(P)\rangle = \|B(P)\|\langle P, U(P)\rangle = \frac{K}{\sqrt{x^2+y^2}}\left(\frac{-xy}{\sqrt{y^2+x^2}} + \frac{yx}{\sqrt{y^2+x^2}}\right) = 0.$$

Portanto, sendo $\langle P, B(P)\rangle = 0$, fica verificada a ortogonalidade entre os vetores. Assim, a afirmação está errada pois $\cos(\theta) = 0$. □

Questão 2: Distância de um ponto a um plano

A distância de ponto ao plano, estudada em geometria analítica, pode ser obtida por meio das noções de distância e ortogonalidade vistas nas seções anteriores. De fato, para o plano $\mathscr{P}$ de equação $ax + by + cz + d = 0$ e um ponto $P_0 = (x_0, y_0, z_0) \notin \mathscr{P}$, a distância de P_0 a $\mathscr{P}$ é igual a $\|P - P_0\|$, onde P é o único ponto do plano tal que $P - P_0$ é ortogonal ao plano. Veja a figura.

a) Justifique a afirmação de que $P - P_0$ é ortogonal ao plano se, e somente se, $P - P_0 = k(a, b, c)$ para algum $k \in \mathbb{R}$.

b) A igualdade $P - P_0 = k(a, b, c)$ corresponde a um sistema de três equações nas três incógnitas x, y e z. Escreva cada uma dessas equações separadamente.

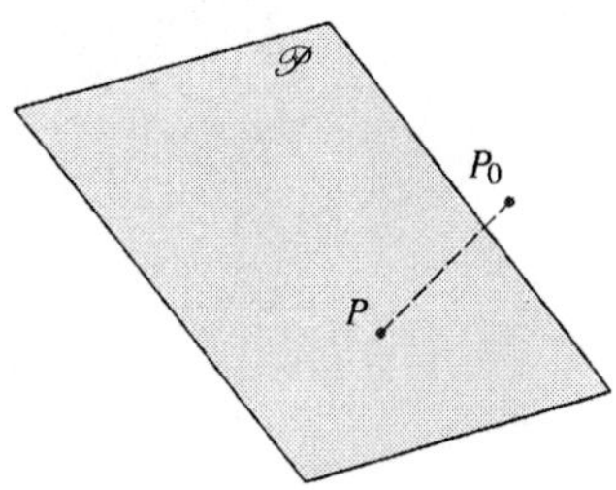

c) Multiplique uma das equações acima por a, outra por b e outra por c. A seguir, usando a equação do plano, verifique que a constante k pode ser expressa apenas em termos das coordenadas de P_0 e das constantes a, b, c e d.

d) Verifique que, se P satisfaz as condições do item a), então $\|P-P_0\|^2$ pode ser expresso em termos das contantes k, a, b, c e d.

e) Use o item anterior para calcular a distância de P_0 ao plano $\mathscr{P}$.

Solução.

a) A condição necessária para que o vetor $P-P_0$ seja ortogonal ao plano é que ele seja um múltiplo do vetor normal, que é dado pelos coeficientes de x, y e z na equação do plano. Nesse caso, o vetor é (a,b,c). Portanto, $P-P_0$ é ortogonal ao plano se, e somente se, $P-P_0 = k(a,b,c)$ para algum $k \in \mathbb{R}$.

b) A igualdade vetorial exige que cada componente de $P-P_0$ seja igual a respectiva componente em $k(a,b,c)$, onde $P=(x,y,z)$. Em termos das incógnitas, as equações são

$$\begin{cases} x - x_0 = ka \\ y - y_0 = kb \\ z - z_0 = kc \end{cases}$$

c) Uma comparação atenta entre a equação do plano e as igualdades acima sugere que a primeira igualdade seja multiplicada por a, a segunda por b e a terceira por c. Somando as três, chega-se a

$$ax + by + cz - ax_0 - by_0 - cz_0 = k(a^2 + b^2 + c^2).$$

A equação do plano pode ser usada para eliminar as incógnitas x, y e z, uma vez que $ax+by+cz = -d$. Com isso, a expressão desejada para k é

$$k = -\frac{ax_0 + by_0 + cz_0 + d}{a^2 + b^2 + c^2},$$

em que o denominador é necessariamente maior que zero, pois corresponde à norma do vetor normal ao plano.

d) A condição do item a) é tal que $P-P_0 = k(a,b,c)$, ou seja, $P-P_0$ é ortogonal ao plano. Nesse caso, a quantidade $\|P-P_0\|^2$ é

$$\|P-P_0\|^2 = |k|^2 \|(a,b,c)\|^2 = k^2(a^2+b^2+c^2),$$

onde foi usado que $\|kV\| = |k|\|V\|$ para qualquer $k \in \mathbb{R}$ e qualquer vetor V. De fato, o valor de $\|P-P_0\|^2$ depende apenas de k, a, b e c.

e) Da definição do enunciado, se $P - P_0$ é ortogonal ao plano, a distância de P_0 ao plano é $\|P - P_0\|$. Ora, o quadrado dessa norma foi calculado no item d), e basta substituir a expressão de k do item c) na equação encontrada no item d). Logo, a distância pode ser expressa em termos das coordenadas de P_0 e dos coeficientes da equação do plano. Assim,

$$\|P - P_0\|^2 = \frac{(ax_0 + by_0 + cz_0 + d)^2}{(a^2 + b^2 + c^2)^2}(a^2 + b^2 + c^2) = \frac{(ax_0 + by_0 + cz_0 + d)^2}{a^2 + b^2 + c^2}$$

e, portanto, a distância é dada por

$$\|P - P_0\| = \frac{|ax_0 + by_0 + cz_0 + d|}{\sqrt{a^2 + b^2 + c^2}}. \qquad \square$$

Questão 3: Uma propriedade do paraboloide

O paraboloide $\mathscr{P}$ de foco $F = (0,0,1)$ e plano diretor $z = -1$ é o gráfico da função $f\colon \mathbb{R}^2 \to \mathbb{R}$ dada por $f(x,y) = (1/4)(x^2 + y^2)$. Uma propriedade importante do paraboloide é que o ponto $P_0 = (x_0, y_0, z_0) \in \mathscr{P}$ é equidistante do foco F e do ponto Q_0, em que $Q_0 = (x_0, y_0, -1)$ é a projeção ortogonal de P_0 sobre o plano diretor, conforme ilustra a figura abaixo. Pode-se mostrar que o plano tangente a $\mathscr{P}$ no ponto $P_0 \in \mathscr{P}$ tem equação $z = f(x_0, y_0) + (x_0/2)(x - x_0) + (y_0/2)(y - y_0)$.

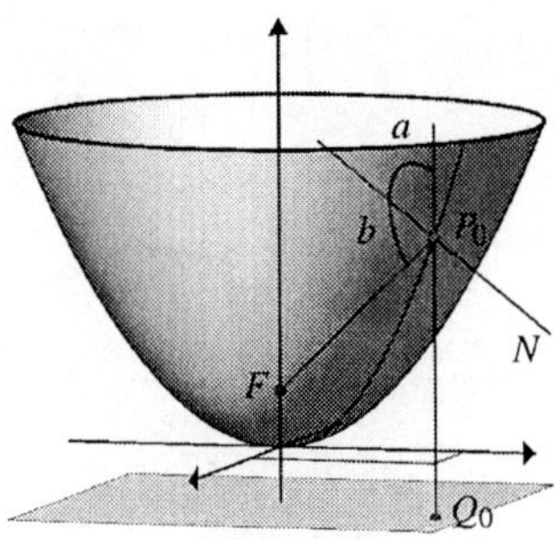

a) Verifique a afirmação de que P_0 é equidistante de F e Q_0.

b) Conclua que os ângulos $P_0\widehat{Q_0}F$ e $P_0\widehat{F}Q_0$ são iguais.

c) Obtenha a equação da reta N, que é ortogonal a $\mathscr{P}$ em P_0.

d) Justifique a afirmação de que N é paralela à reta pelos pontos F e Q_0.

e) Justifique o fato de os ângulos a e b indicados na figura serem iguais.

Solução.

a) A equidistância pode ser verificada comparando-se as normas dos vetores $P_0 - F$ e $P_0 - Q_0$. Os quadrados destas normas são

$$\|P_0 - Q_0\|^2 = (z_0 + 1)^2 = z_0^2 + 2z_0 + 1 \quad \text{e}$$
$$\|P_0 - F\|^2 = x_0^2 + y_0^2 + (z_0 - 1)^2 = x_0^2 + y_0^2 + z_0^2 - 2z_0 + 1.$$

Como P_0 pertence ao paraboloide, z_0 está relacionado às outras coordenadas pela equação $f(x_0,y_0) = \frac{1}{4}(x_0^2 + y_0^2) = z_0$. Com isso, tem-se que

$$\|P_0 - F\|^2 = 4z_0 + z_0^2 - 2z_0 + 1 = z_0^2 + 2z_0 + 1 = \|P_0 - Q_0\|^2$$

Consequentemente, $\|P_0 - F\| = \|P_0 - Q_0\|$, visto que são quantidades positivas, confirmando a equidistância.

b) Como consequência direta do item anterior, o triângulo de vértices P_0, F e Q_0 é isósceles, pois dois de seus lados são iguais. Mais especificamente, o lado que liga P_0 a F tem o mesmo tamanho do lado que liga P_0 a Q_0. Daí concluí-se que os ângulos $P_0\widehat{Q_0}F$ e $P_0\widehat{F}Q_0$ são iguais pois ambos são ângulos da base de um triângulo isósceles.

c) Aqui o importante é notar que a reta N é ortogonal ao plano tangente a $\mathscr{P}$ em P_0. Denotando por $\mathbf{n}$ o vetor normal ao plano, $P = (x,y,z) \in N \iff P - P_0 = t\mathbf{n}$ para $t \in \mathbb{R}$. Equivalentemente, a condição para o ponto estar sobre a reta é $P = P_0 + t\mathbf{n}$. Da equação do plano tangente fornecida no enunciado, sabe-se que $\mathbf{n} = (x_0/2, y_0/2, -1)$. Assim, em termos das coordenadas, a equação que descreve N é

$$P(t) = (x_0, y_0, z_0) + t\left(\frac{x_0}{2}, \frac{y_0}{2}, -1\right) = \left(x_0 + \frac{x_0}{2}t, y_0 + \frac{y_0}{2}t, z_0 - t\right).$$

d) A reta que passa pelos pontos F e Q_0 tem a direção do vetor $Q_0 - F$. Assim, a reta N é paralela à reta que passa por F e Q_0 se, e somente se, os vetores $\mathbf{n}$ e $Q_0 - F$ possuem a mesma direção. De fato, como

$$Q_0 - F = (x_0, y_0, -2) = 2\mathbf{n},$$

os vetores são paralelos, e possuem a mesma direção.

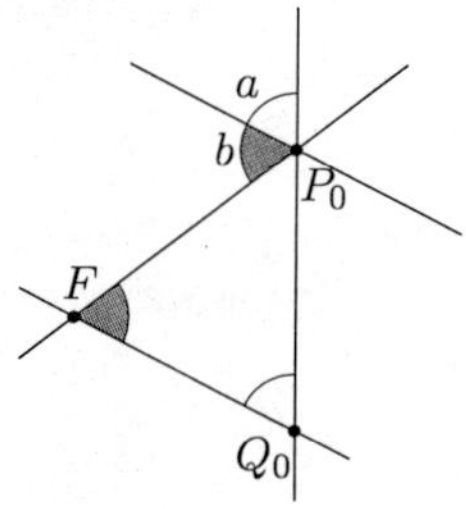

e) O resultado do item anterior permite associar os ângulos a e b com os ângulos $P_0\widehat{Q_0}F$ e $P_0\widehat{F}Q_0$, respectivamente, como mostra a figura ao lado. Do item b), sabe-se que esses dois últimos são iguais. Consequentemente, a e b também são iguais. □

Questão 4: O produto escalar e a área de paralelogramos

Uma bonita aplicação do produto escalar está no cálculo da área A do paralelogramo gerado por $P = (a,b)$ e $Q = (c,d)$. Para esse cálculo deve-se multiplicar o comprimento da base pela altura h do paralelogramo, altura que depende do ângulo θ entre os vetores. Veja a figura abaixo.

a) Expresse h em termos de Q e do $\text{sen}(\theta)$.

b) Obtenha a expressão de A^2 em temos de P, Q e do $\cos(\theta)$.

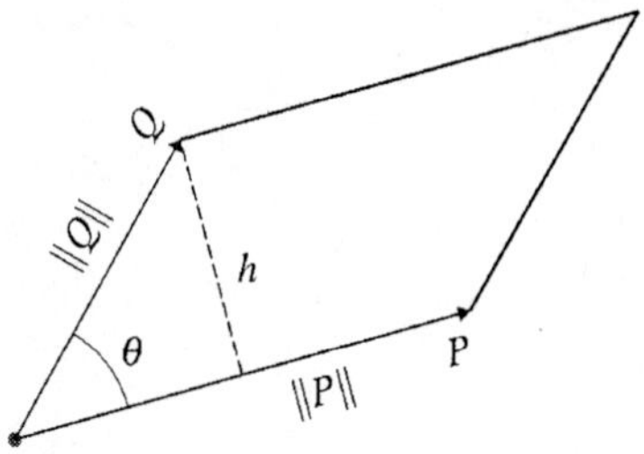

c) Use a igualdade $\langle P, Q\rangle = \|P\|\|Q\|\cos(\theta)$ para expressar A^2 em termos apenas das coordenadas a, b, c e d dos vetores P e Q.

d) Conclua que A pode ser expressa como o determinante de uma matriz 2×2.

e) Use o item anterior para calcular a área do triangulo de vértices $P = (0,2)$, $Q = (2,1)$ e $R = (3,3)$.

Solução.

a) Pela figura do enunciado, pode-se identificar um triângulo retângulo de hipotenusa de tamanho $\|Q\|$ e cateto oposto de tamanho h. Assim,

$$\frac{h}{\|Q\|} = \text{sen}(\theta) \Rightarrow h = \|Q\|\,\text{sen}(\theta).$$

b) A área do paralelogramo é dada pelo produto entre a altura, h, e o comprimento da base, $\|P\|$. Portanto, do item anterior, segue-se que

$$A^2 = h^2\|P\|^2 = (\|Q\|\,\text{sen}(\theta))^2\|P\|^2 = \|Q\|^2\|P\|^2(1-\cos^2(\theta)),$$

onde foi usada a igualdade $\text{sen}^2(\theta) = 1-\cos^2(\theta)$.

c) A expressão do item anterior pode ser reescrita em termos do produto escalar entre P e Q como $A^2 = \|Q\|^2\|P\|^2 - \|Q\|^2\|P\|^2\cos^2(\theta) = \|Q\|^2\|P\|^2 - \langle P, Q\rangle^2$. Em termos das coordenadas, tem-se que

$$A^2 = (a^2+b^2)(c^2+d^2)-(ac+bd)^2 = a^2d^2-2abcd+b^2c^2 = (ad-bc)^2,$$

dado que $\|P\|^2 = a^2+b^2$, $\|Q\| = c^2+d^2$ e $\langle P, Q\rangle = ac+bd$.

d) Por inspeção, verifica-se que a matriz desejada tem as coordenadas de P em uma das linhas e as de Q na outra. De fato, usando o resultado acima,

$$\left|\det\begin{bmatrix} a & b \\ c & d \end{bmatrix}\right| = |(ad-bc)| = A.$$

Por uma propriedade do determinante, a matriz $\begin{bmatrix} c & d \\ a & b \end{bmatrix}$ também fornece o mesmo resultado. Portanto, como esperado, não importa a ordem em que os vetores são colocados na matriz.

e) A ilustração à esquerda da figura abaixo mostra que a área A_T do triângulo é metade da área do paralelogramo formado pelos vetores $R-P=(3,1)$ e $Q-P=(2,-1)$. Do item anterior, tem-se que

$$A_T = \frac{1}{2}\left|\det\begin{bmatrix} 3 & 1 \\ 2 & -1 \end{bmatrix}\right| = \frac{1}{2}|-3-2| = \frac{5}{2}.$$

No cálculo acima foram usados vetores que partem de P para Q e R. Entretanto, a escolha de vetores partindo de outro vértice seria igualmente válida, como mostra as outras ilustrações da figura.

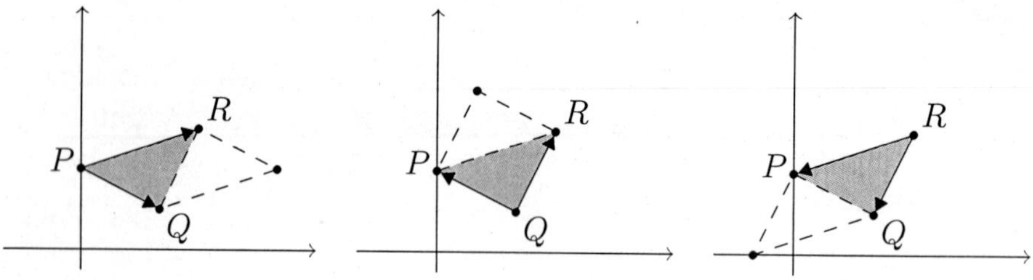

□

2. Limite e continuidade

As questões deste capítulo ilustram ferramentas essenciais para entender o comportamento de funções de várias variáveis. Os conceitos de limite e continuidade compõem a base teórica para a construção de ferramentas mais complexas ao longo dos próximos capítulos. Por vezes, os conceitos tratados aqui possuem uma correspondência direta com características de fenômenos físicos, aumentando a compreensão dos mesmos.

Questão 1: Pressão de um gás

A figura abaixo ilustra o gráfico da pressão $P(t,v) = 10t/v$ de um gás em um recipiente de temperatura t e volume v, com $(t,v) \in (0,10) \times (0,10)$. Nesse caso, as curvas de nível de $P(t,v)$ são ditas isobáricas do gás; a função $g(t) = P(t,v_0)$ fornece a pressão a um volume constante v_0 e $h(v) = P(t_0,v)$ fornece a pressão a uma temperatura constante t_0. Julgue os itens a seguir.

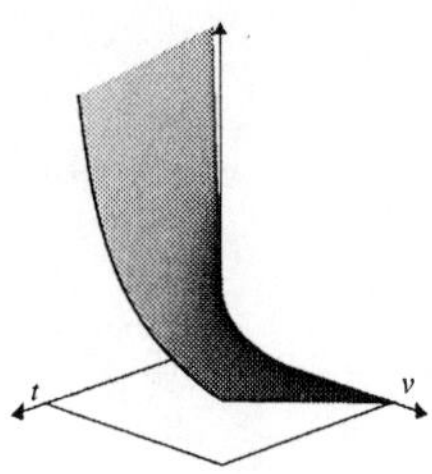

C | E a) As curvas isobáricas do gás são segmentos de retas.

C | E b) À temperatura constante, a pressão é inversamente proporcional ao volume

C | E c) O gráfico da função $g(t)$ é um arco de hipérbole.

C | E d) Para $t_0 \in (0,10)$, existe o limite $\lim_{(t,v)\to(t_0,0)} P(t,v)$.

C | E e) Não existe o limite $\lim_{(t,v)\to(0,0)} P(t,v)$.

Solução.

C E a) A curva isobárica com pressão $k > 0$ é o conjunto

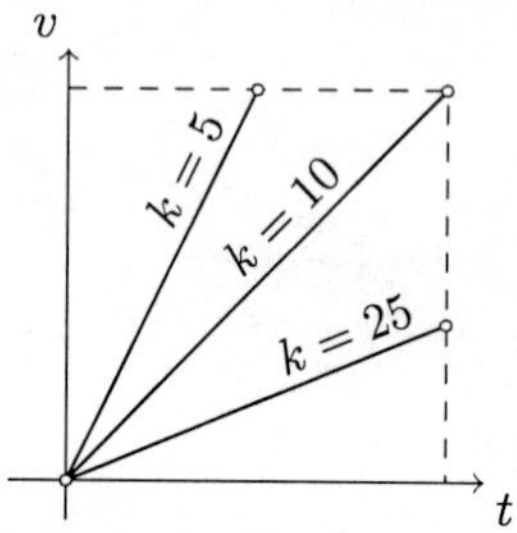

$$C_k(P) = \{(t,v) \in (0,10) \times (0,10); P(t,v) = k\}.$$

Assim, o volume e a temperatura são tais que $10t/v = k \iff v = 10t/k$, que de fato descreve um segmento de reta, e a afirmação está correta. A figura ao lado ilustra algumas curvas de nível.

C E b) A afirmação do item está certa e pode ser facilmente verificada ao se observar a forma explícita de $h(v)$, dada por $h(v) = P(t_0, v) = 10t_0/v$. Tal expressão confirma que h, que é a pressão para uma temperatura constante, e v são inversamente proporcionais.

C E c) Assim como no item anterior, a resposta decorre diretamente da forma explícita da função. Sendo $g(t) = P(t, v_0) = 10t/v_0$, é claro que o gráfico de $g(t)$ se trata de um seguimento de reta. Por isso, a afirmação do item está errada.

C E d) Ao longo do caminho em que t é constante e igual a $t_0 \neq 0$, a função $P(t_0, v)$ cresce indefinidamente conforme $v \to 0$, consequência direta da solução do item b). Portanto, o limite $\lim_{(t,v)\to(t_0,0)} P(t,v)$ não existe e a afirmação do item está errada.

C E e) A figura do enunciado sugere que o limite em questão não existe. De fato, basta aplicar a regra dos dois caminhos ao longo de retas para confirmar essa desconfiança. Por exemplo, para $t = v$, tem-se que $\lim_{v\to 0} P(v,v) = \lim_{v\to 0} 10(v)/v = 10$. Por outro lado, para $t = 2v$, tem-se $\lim_{v\to 0} P(2v,v) = \lim_{v\to 0} 10(2v)/v = 20$. Como os resultados são diferentes para caminhos diferentes, pode-se concluir que o limite não existe. Assim, a afirmação do item está certa. □

Questão 2: A função almofadinha

Indique por $P_0 = (0,0)$ a origem do plano $\mathcal{O}xy$ e por $P = (x,y)$ um ponto genérico. Indique ainda $f \colon \mathbb{R}^2 \to \mathbb{R}$ a função $f(x,y) = \sqrt{|xy|}$, cujo gráfico lembra uma almofada com um botão, como ilustrado abaixo.

a) Esboce as curvas de nível de f nos níveis 0, 1 e 2.

b) Esboce os gráficos das funções $g(x) = f(x,x)$ e $h(x) = f(x,-x)$.

c) Use a desigualdade $(|x|-|y|)^2 \geq 0$ para estimar o valor de $f(x,y)$ em termos da distância $\sqrt{x^2+y^2}$.

d) Enuncie a definição do limite $\lim_{P \to P_0} f(P) = L$.

e) Use os itens anteriores para verificar se f é contínua em P_0.

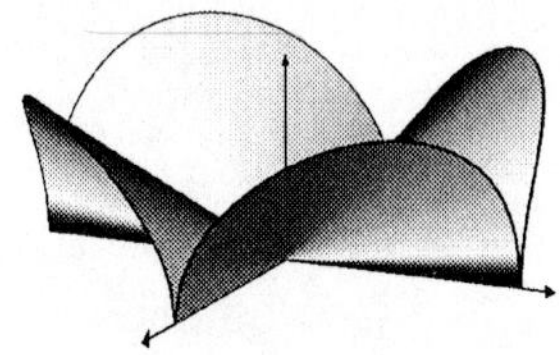

Solução.

a) A curva de nível $k \geq 0$ de f é o conjunto

$$C_k = \{(x,y) \in \mathbb{R}^2; f(x,y) = k\} = \{(x,y) \in \mathbb{R}^2; |x||y| = k^2\}$$

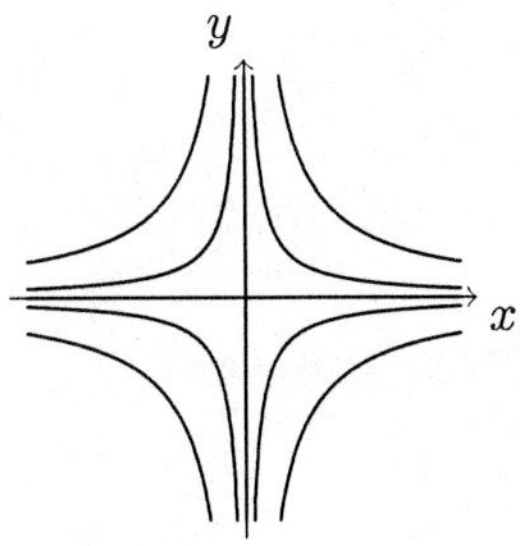

Os eixos $\mathcal{O}x$ e $\mathcal{O}y$ são as curvas de nível 0, pois deve-se ter $x=0$ ou $y=0$. Para $k>0$, a equação que define C_k pode ser reescrita como $|y| = k^2/|x| \Rightarrow y = \pm k^2/|x|$. Portanto, as curvas de nível 1 e 2 são as hipérboles $y = \pm 1/|x|$ e $y = \pm 4/|x|$. A figura ao lado ilustra as três curvas, em que a curva de nível 2 é a hipérbole mais distante dos eixos.

b) O primeiro passo é determinar as formas explícitas de $g(x)$ e $h(x)$, que são $g(x) = f(x,x) = |x|$ e $h(x) = f(x,-x) = |x|$. Os gráficos de ambas são iguais e estão ilustrados na primeira figura abaixo. Um melhor entendimento pode ser obtido sobrepondo o gráfico de $g(x)$ ou $h(x)$ sobre o gráfico de $f(x,y)$, como ilustra a segunda figura.

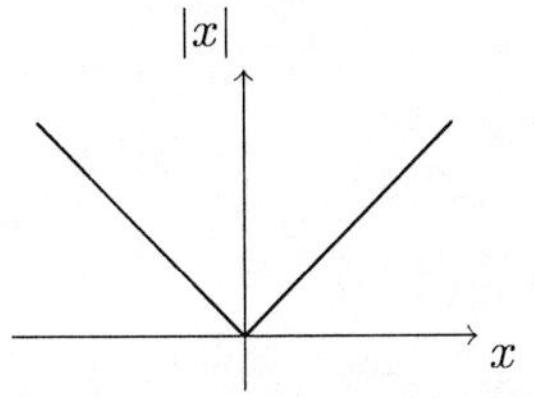

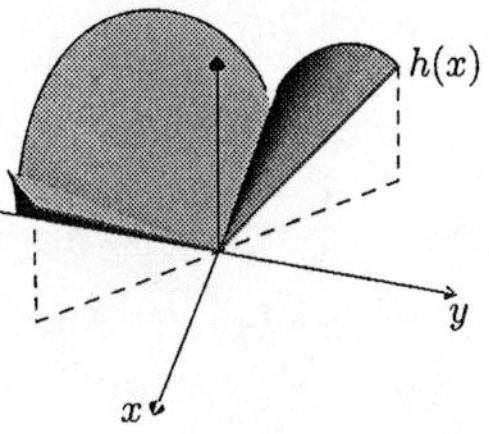

c) Expandindo a desigualdade dada obtém-se $(|x|-|y|)^2 \geq 0 \Rightarrow |x|^2 - 2|x||y| + |y|^2 \geq 0$. Basta agora notar que $|x||y| = f^2(x,y)$, usar que $|x|^2 = x^2$ e $|y|^2 = y^2$ para se chegar à estimativa:

$$|x|^2 - 2f^2(x,y) + |y|^2 \geq 0 \Rightarrow f(x,y) \leq \frac{1}{\sqrt{2}}\sqrt{x^2+y^2},$$

Assim, a distância $\sqrt{x^2+y^2}$ limita a função f por cima.

d) Da definição tem-se que $\lim_{P \to P_0} f(P) = L$ se, dado $\varepsilon > 0$, $\exists\, \delta > 0$ tal que

$$\|P - P_0\| < \delta \Rightarrow |f(P) - L| < \varepsilon.$$

Ou seja, para P suficientemente próximo de P_0, o módulo da diferença entre $f(P)$ e L é menor que uma tolerância especificada.

e) Como ponto de partida, deve-se verificar se a função tem limite quando $P \to P_0$. Sendo nulo o limite ao longo dos caminhos $x = \pm y$, como visto no item b), zero é o candidato natural ao limite. Da desigualdade obtida no item anterior, segue que

$$|f(P) - 0| = f(P) \leq \frac{1}{\sqrt{2}}\sqrt{x^2 + y^2} \Rightarrow |f(P) - 0| \leq \frac{1}{\sqrt{2}}\|P - P_0\|,$$

onde foi usado que $P_0 = (0,0)$. Logo, dado $\varepsilon > 0$, basta escolher $\delta = \sqrt{2}\varepsilon$ para se ter que $\|P - P_0\| < \delta \Rightarrow |f(P) - 0| < \varepsilon$. Assim, o limite existe e é zero. Como também $f(P_0) = 0$, a função é contínua em P_0. □

Questão 3: Temperatura e fluxo de calor

Suponha que a chapa $D = (0,\infty) \times (0,\infty)$ tenha temperatura $T(x,y) = \frac{30}{\pi}\arctan(y/x)$. Nesse caso, o calor flui na direção e sentido do vetor $F(x,y) = (-T_x(x,y), -T_y(x,y))$, em que as derivadas parciais são dadas por $T_x(x,y) = \frac{30}{\pi}\frac{-y}{x^2+y^2}$ e $T_y(x,y) = \frac{30}{\pi}\frac{x}{x^2+y^2}$. A figura abaixo ilustra o campo F.

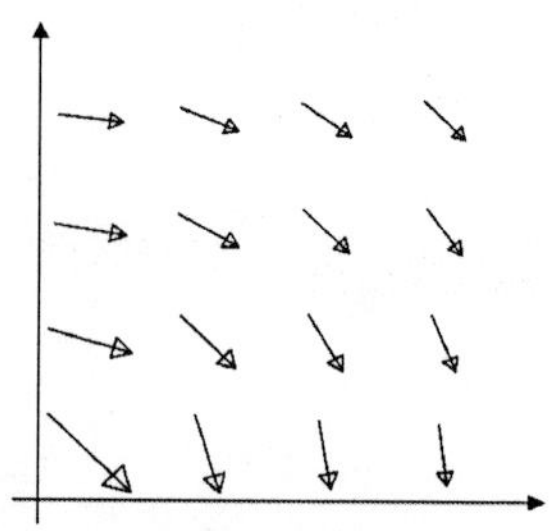

a) Para $y_0 > 0$, calcule $\lim_{(x,y)\to(0,y_0)} T(x,y)$ usando as propriedades do limite.

b) Esboce as curvas de nível (isotermas) de $T(x,y)$ nos níveis $30/6$ e $30/4$, identificando cada uma dessas curvas.

c) Justifique o fato de que não existe $\lim_{(x,y)\to(0,0)} T(x,y)$.

d) Determine o vetor unitário $U(x,y)$ na direção e sentido do fluxo do calor a partir do ponto (x,y). Em seguida, esboce o vetor $U(1,1)$.

e) Verifique que $U(x,y)$ é tangente ao círculo de centro na origem que passa por $(x,y) \in D$. Isso significa que não há fluxo de calor através desses círculos.

Solução.

a) A propriedade de interesse diz respeito a limites de funções contínuas. No caso da temperatura $T(x,y)$, descrita pela função contínua arco tangente, o limite pode ser simplificado como

$$\lim_{(x,y)\to(0,y_0)} T(x,y) = \lim_{(x,y)\to(0,y_0)} \frac{30}{\pi}\arctan\left(\frac{y}{x}\right) = \frac{30}{\pi}\arctan\left(\lim_{(x,y)\to(0,y_0)} \frac{y}{x}\right)$$

Isso porquê, devido à continuidade, o limite da função é igual à função avaliada no limite do argumento. Para $y_0 > 0$, o termo entre parenteses cresce indefinidamente conforme x se aproxima de 0. Por conta disso, o arco tangente tende a $\pi/2$ e, consequentemente, $T(x,y) \to 15$.

b) A isoterma de temperatura $k > 0$ é o conjunto

$$\begin{aligned} C_k &= \{(x,y) \in D;\, T(x,y) = k\} = \{(x,y) \in D;\, \arctan(y/x) = k\pi/30\} \\ &= \{(x,y) \in D;\, y = \tan(k\pi/30)x\}, \end{aligned}$$

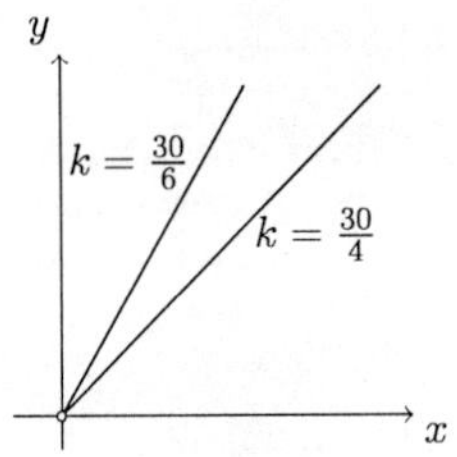

que descreve semirretas que partem da origem. Em particular, $C_{30/6}$ corresponde à semirreta de equação $y = \tan(\frac{\pi}{6})x = \frac{\sqrt{3}}{3}x$ e $C_{30/4}$ à semirreta de equação $y = \tan(\frac{\pi}{4})x = x$. A figura ao lado ilustra essas curvas de nível.

c) Com a regra dos dois caminhos, a não existência do limite é consequência direta do item anterior, pois todas as curvas de nível passam pela origem. A figura acima explicita esse fato para duas curvas específicas. Nesses casos, a temperatura tende à $30/6$ ao longo do caminho $y = \sqrt{3}x/3$ e à $30/4$ ao longo de $y = x$. Como são valores diferentes, o limite não existe.

d) De acordo com a informação dada no enunciado, o calor flui na direção do vetor $F(x,y) = (-T_x(x,y), -T_y(x,y))$.

Substituindo as derivadas pelas expressões fornecidas, tem-se que

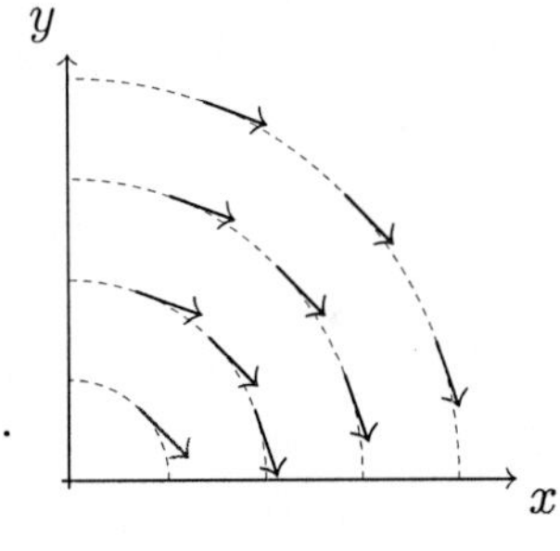

$$\begin{aligned} F(x,y) &= \left(\frac{30}{\pi}\frac{y}{x^2+y^2}, -\frac{30}{\pi}\frac{x}{x^2+y^2}\right) \\ &= \frac{30}{\pi}\frac{1}{\sqrt{x^2+y^2}}\left(\frac{y}{\sqrt{x^2+y^2}}, -\frac{x}{\sqrt{x^2+y^2}}\right). \end{aligned}$$

O vetor unitário está destacado à direita da expressão acima, sendo dado por $U(x,y) = \left(y/\sqrt{x^2+y^2}, -x/\sqrt{x^2+y^2}\right)$. A figura ao lado ilustra $U(x,y)$, com destaque para $U(1,1)$.

e) Para ser tangente ao círculo de centro na origem que passa por (x,y), o vetor unitário deve ser ortogonal ao vetor $P = (x,y)$, que tem direção radial. De fato, como $\langle U,P\rangle = x\frac{y}{\sqrt{x^2+y^2}} + y\frac{-x}{\sqrt{x^2+y^2}} = 0$, $\forall (x,y) \in D$, os vetores são ortogonais. A figura do item anterior ilustra a situação. □

Questão 4: Encontro de isotermas

Suponha que a temperatura da chapa $D = \{(x,y) \in \mathbb{R}^2; x^2+y^2 < 1 \text{ e } y > 0\}$ seja dada por $T(x,y) = \frac{20}{\pi}\arctan\left(\frac{2y}{1-x^2-y^2}\right)$, cujo gráfico está ilustrado abaixo.

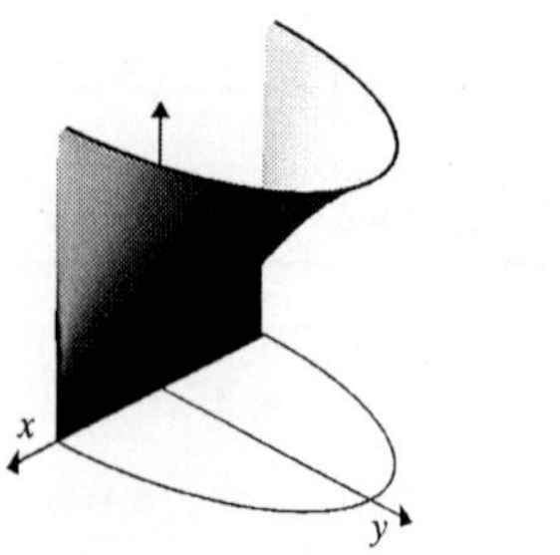

a) Verifique que as isotermas são arcos de círculos com centros no eixo $\mathcal{O}y$ e passam pelos pontos $(-1,0)$ e $(1,0)$.

b) Esboce a isoterma de temperatura igual a 5.

c) Use o item a) para verificar que não existe $\lim_{P\to(1,0)} T(P)$.

d) Use as propriedades do limite para decidir quanto à existência do limite $\lim_{P\to P_0} T(P)$ no caso em que $P_0 = (x_0,y_0)$ é tal que $x_0^2+y_0^2 = 1$ e $y_0 > 0$.

e) Da mesma forma, estude a existência do $\lim_{P\to P_0} T(P)$ no caso em que $P_0 = (x_0,0)$ e $|x_0| < 1$.

Solução.

a) A isoterma de temperatura $k > 0$ é o conjunto

$$C_k = \{(x,y) \in D;\, T(x,y) = k\} = \left\{(x,y) \in D;\, \arctan\left(\frac{2y}{1-x^2-y^2}\right) = \frac{k\pi}{20}\right\}$$

A simplificação da igualdade que define C_k é um pouco trabalhosa, por isso é feita separadamente. Aplicando a tangente e multiplicando por $1-x^2-y^2$ em ambos os lados, a equação fica reduzida a $2y = \tan\left(\frac{k\pi}{20}\right)(1-x^2+y^2)$. Definindo $K = \tan(\frac{k\pi}{20})$, essa igualdade equivale a

$$x^2+y^2+\tfrac{2}{K}y = 1 \Rightarrow x^2+y^2+\tfrac{2}{K}y+\tfrac{1}{K^2} = 1+\tfrac{1}{K^2} \Rightarrow x^2+\left(y+\tfrac{1}{K}\right)^2 = 1+\tfrac{1}{K^2},$$

onde foi somado $\frac{1}{K^2}$ em ambos os lados para se chegar à segunda equação e a técnica de completar quadrados foi usada para se chegar à terceira. A equação descreve um círculo de centro em $(0,-\frac{1}{K})$ e raio $(1+\frac{1}{K^2})^{1/2}$.

Além disso, por substituição direta, verifica-se que os pontos $(x,y)=(\pm 1,0)$ pertencem a curva. Portanto, as isotermas são arcos de círculo com as características ditas no enunciado. A figura ao lado ilustras as isotermas para $k=8$ e $k=5$ em azul e vermelho, respectivamente.

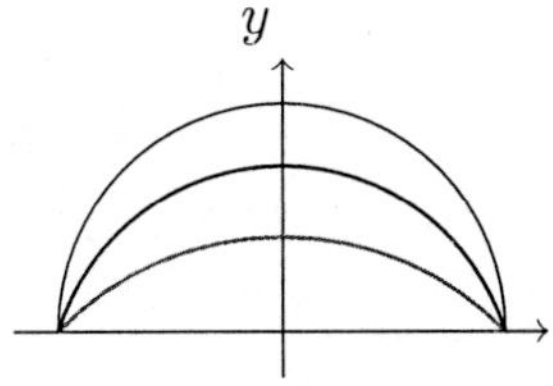

b) Do item anterior, a isoterma de temperatura 5 é o arco de equação $x^2+(y+1)^2=2$, pois $K=\tan(5\pi/20)=\tan(\pi/4)=1$. Assim, a curva de nível tem raio $\sqrt{2}$ e é centrada em $(0,-1)$. A figura do item anterior ilustra a isoterma em questão em cor laranja.

c) Como visto no item a), todas as curvas de nível passam pelo ponto $(1,0)$. Portanto, pela regra dos dois caminhos, não existe o limite $\lim_{P\to(1,0)} T(P)$. Tome como exemplo as isotermas mostradas na figura do item a). A temperatura sobre a curva azul é constante e igual a 8, inclusive para pontos tão próximos quanto se queira de $(1,0)$. Assim, o limite ao longo desse caminho é 8. O mesmo raciocínio é válido para o limite ao longo da curva laranja, que vale 5. A diferença entre esses valores prova a não existência do limite inicial.

d) A continuidade do arco tangente permite que o limite seja reescrito como

$$\lim_{P\to P_0} T(P)=\frac{20}{\pi}\arctan\left(\lim_{P\to P_0}\left(\frac{2y}{1-x^2-y^2}\right)\right)$$

Como $P\to P_0$ sem sair do domínio, tem-se sempre que $x^2+y^2<1$. Ou seja, o denominador é sempre positivo e tende a zero. Assim, a função $2y/(1-x^2+y^2)\to+\infty$ quando $P\to P_0$ e, consequentemente, o valor do arco tangente se aproxima de $\pi/2$. Com isso, $\lim_{P\to P_0} T(P)=10$.

e) Pode-se usar o mesmo argumento acima, mas dessa vez obtém-se que

$$\lim_{P\to P_0}\left(\frac{2y}{1-x^2-y^2}\right)=0,$$

pois o denominador tende a um valor positivo e o numerador tende a zero. Com isso, $\lim_{P\to P_0} T(P)=\frac{20}{\pi}\arctan(0)=0$. Esse resultado está de acordo com aquele sugerido pela figura do enunciado. □

3. Diferenciabilidade

As questões deste capítulo abordam os conceitos de derivadas parciais e diferenciabilidade. Derivadas parciais descrevem a taxa de variação de funções de acordo com cada variável e aparecem ao longo de todos os próximos capítulos. Por outro lado, diferenciabilidade é uma característica necessária para a aplicação de diversos resultados posteriormente discutidos. Na física e na engenharia, o conceito de derivada parcial é onipresente, pois esse é a base de equações diferenciais parciais que descrevem grande partes dos fenômenos naturais.

Questão 1: Diferenciabilidade

Indique por $P = (x, y)$ um ponto de $\mathbb{R}^2$, por $P_0 = (0,0)$ a origem e considere o problema de determinar os valores de $\alpha > 0$ para os quais a função $f(x,y) = |xy|^\alpha$ é diferenciável em P_0. A figura abaixo ilustra o gráfico de f para um valor específico de α. Julgue os itens a seguir, e, se necessário, use a estimativa $|xy| \leq \frac{1}{2}(x^2 + y^2)$.

C | E a) Dada uma margem de tolerância $\varepsilon > 0$, basta escolher a margem de segurança $\delta = (2\varepsilon^{1/\alpha})^{1/2}$ para se ter que $|f(P) - f(P_0)| < \varepsilon$ sempre que $\|P - P_0\| < \delta$.

C | E b) Para $\alpha > 0$, a função f não tem as derivadas parciais em P_0.

C | E c) Para $0 < \alpha < 1$, as derivadas parciais de f não são contínuas em P_0.

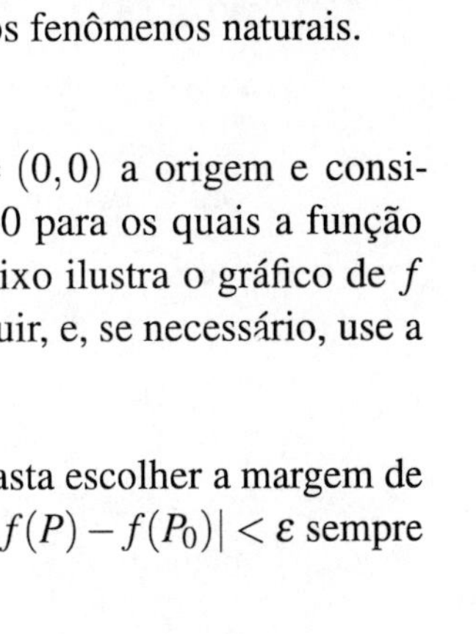

C | E d) Para $0 < \alpha < 1/2$, não existe o $\lim\limits_{P \to P_0} f(P)/\|P\|$.

C | E e) Para $\alpha > 1/2$, a função f não é diferenciável em P_0.

Solução.

C E a) Nesse caso, um primeiro passo é encontrar uma relação entre as quantidades $|f(P)-f(P_0)|$ e $\|P-P_0\|$. Isso pode ser feito através da estimativa dada no enunciado. Como P_0 é a origem, a inequação fornecida pode ser reescrita como $|xy| \leq \frac{1}{2}\|P\|^2 = \frac{1}{2}\|P-P_0\|^2$. Com isso, tem-se que $|f(P)-f(P_0)| = f(P) = |xy|^\alpha \leq \frac{1}{2^\alpha}\|P-P_0\|^{2\alpha}$, visto que $f(P_0)=0$ e $f(P)\geq 0$ para qualquer P. Portanto, se $\|P-P_0\| < \delta = (2\varepsilon^{1/\alpha})^{1/2}$, segue-se que

$$|f(P)-f(P_0)| < \frac{1}{2^\alpha}\delta^{2\alpha} = \frac{1}{2^\alpha}\left((2\varepsilon^{1/\alpha})^{1/2}\right)^{2\alpha} = \varepsilon.$$

Esse resultado prova que $\lim_{P\to P_0} f(P) = f(P_0)$ e, consequentemente, que a função é contínua em P_0 para qualquer $\alpha > 0$. Portanto, a afirmação do item está certa.

C E b) Para $\alpha > 0$, A função é identicamente nula ao longo dos eixos $\mathscr{O}x$ e $\mathscr{O}y$. Como as derivadas parciais em P_0 são escritas como diferenças no valor de f para pontos dos eixos, ambas as derivadas existem e são iguais a zero. Com isso, a afirmação do item está errada.

C E c) A derivada $f_x(P)$ é contínua em P_0 se o limite $\lim_{P\to P_0} f_x(P_0)$ existe e é igual a $f_x(P_0)=0$, levando em conta o resultado do item anterior. Fora da origem, tem-se que

$$f_x(x,y) = \frac{\partial}{\partial x}|xy|^\alpha = |y|^\alpha\frac{\partial}{\partial x}|x|^\alpha = \alpha x|x|^{\alpha-2}|y|^\alpha,$$

onde foi usada expressão $\frac{d}{dx}|x| = x/|x|$. Observe que $f_x(x,y) = \alpha x^{\alpha-1}y^\alpha$ para P no primeiro quadrante, com $x,y>0$. Assim, é fácil de ver que o limite ao longo do caminho $y = x^{-(\alpha-1)/\alpha}$ com $x>0$ é igual a $\alpha \neq 0$. Note que o caminho escolhido passa por P_0 apenas se $0<\alpha<1$. Como ao longo do caminho $y=0$ o limite é nulo, a regra dos dois caminhos diz que o limite $\lim_{P\to P_0} f_x(P)$ não existe. Portanto, f_x é descontínua em P_0. Por simetria, o mesmo é válido para f_y. Assim, a afirmação do item está certa.

C E d) Investigar o comportamento da função ao longo de retas é uma boa estratégia para atacar um limite difícil. Sobre a reta $y=x$, o quociente $f(P)/\|P\| = |x|^\alpha|y|^\alpha/(x^2+y^2)^{1/2}$ é dado por $|x|^{2\alpha-1}/\sqrt{2}$. Para $\alpha < 1/2$, o expoente de $|x|$ é negativo e não exite o limite quando $x\to 0$. Assim, $\lim\limits_{P\to P_0} f(P)/\|P\|$ também não existe e a afirmação está certa.

C E e) O candidato a plano tangente é $z = 0$, pois a função e as derivadas são nulas em P_0. Assim, segue-se que $|\eta(P-P_0)|/\|P-P_0\| = f(P)/\|P\|$. Como visto na solução do item a), $f(P) \leq \frac{1}{2^\alpha}\|P-P_0\|^{2\alpha}$ e, portanto,

$$0 \leq \frac{f(P)}{\|P\|} \leq \frac{1}{2^\alpha}\|P\|^{2\alpha-1}$$

Para $\alpha > 1/2$, a expressão à direita tem limite igual a zero. Com isso, $\lim_{P\to P_0} f(P)/\|P\| = 0$ e a função é diferenciável na origem. Portanto, a afirmação do item está errada. □

Questão 2: Erros de medida

O período t de um pêndulo de comprimento s é dado por $t = 2\pi\sqrt{s/g}$, e essa fórmula pode ser usada para calcular uma aproximação da aceleração g da gravidade nas proximidades da Terra. Para isso, indique por s_0 o comprimento e por t_0 o período do pêndulo, e por s e t as medidas dessas quantidades feitas por aparelhos que estão sujeitos a pequenos erros.

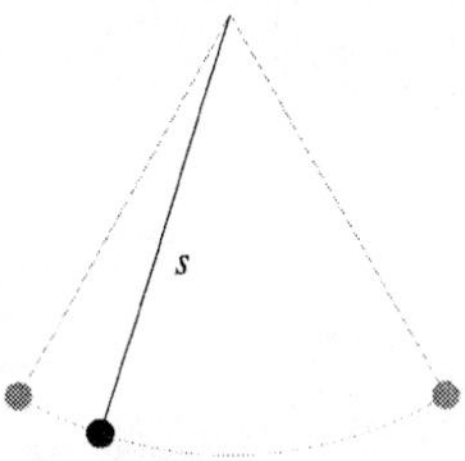

a) Obtenha a expressão de $g = g(s,t)$ como função das variáveis s e t.

b) Justifique a afirmação de que $g(s,t)$ é diferenciável no domínio $s > 0$ e $t > 0$.

c) Obtenha a aproximação de $g(s,t)$ usando diferenciais em torno do ponto (s_0,t_0).

d) Estime o erro percentual na medida de $g(s,t)$ supondo erros máximos de $0,5\%$ em s e de $0,25\%$ em t.

e) Supondo que os erros percentuais máximos em s e t sejam iguais, determine esse erro para que o erro percentual em $g(s,t)$ não exceda a $0,6\%$.

Solução.

a) O período, o comprimento e a aceleração da gravidade estão relacionados pela equação $t = 2\pi\sqrt{s/g}$ fornecida no enunciado. Assim, isolando g obtêm-se $g(s,t) = 4\pi^2 s/t^2$.

b) A função $g(s,t)$ é relativamente simples e bem comportada fora da origem. De fato, para $s > 0$ e $t > 0$, as derivadas parciais de $g(s,t)$, dadas por

$$g_s(s,t) = \frac{4\pi^2}{t^2} \quad \text{e} \quad g_t(s,t) = -8\pi^2\frac{s}{t^3},$$

são contínuas. Com isso, a função é diferenciável nesse domínio.

c) Por ser diferenciável, $g(s,t)$ pode ser aproximada pelo plano tangente no ponto (s_0,t_0), plano de expressão

$$\begin{aligned} g(s,t) &\approx g(s_0,t_0) + g_s(s_0,t_0)(s-s_0) + g_t(s_0,t_0)(t-t_0) \\ &= g(s_0,t_0) + \frac{4\pi^2}{t_0^2}(s-s_0) - 8\pi^2\frac{s_0}{t_0^3}(t-t_0). \end{aligned}$$

Nessa forma, o valor real $g(s_0,t_0)$ e o valor medido $g(s,t)$ da aceleração estão relacionados de maneira simples.

d) Impor erros percentuais de $0,5\%$ em s e $0,25\%$ em t equivale a dizer que $|s-s_0| \le \frac{0,5}{100}s_0$ e $|t-t_0| \le \frac{0,25}{100}t_0$. Do item anterior, o erro na gravidade pode ser estimado como

$$\begin{aligned} |g(s,t)-g(s_0,t_0)| &\le \frac{4\pi^2}{t_0^2}|s-s_0| + 8\pi^2\frac{s_0}{t_0^3}|t-t_0| \\ &\le \frac{4\pi^2}{t_0^2}\left(\frac{0,5}{100}s_0\right) + 8\pi^2\frac{s_0}{t_0^3}\left(\frac{0,25}{100}t_0\right) \\ &= \left(\frac{0,5}{100} + 2\cdot\frac{0,25}{100}\right)g(s_0,t_0) \\ &= \frac{1}{100}g(s_0,t_0). \end{aligned}$$

Assim, estima-se que o erro máximo na medida de $g(s,t)$ seja de 1%.

e) Analogamente à solução do item anterior, para um erro percentual x tanto em s quanto em t, o erro na medida de $g(s,t)$ é

$$|g(s,t)-g(s_0,t_0)| \le (x+2x)g(s_0,t_0) = 3xg(s_0,t_0).$$

Assim, um erro máximo de $x = 2/100$ em s e t garante que $|g(s,t) - g(s_0,t_0)| \le \frac{6}{100}g(s_0,t_0)$. A expressão acima deixa claro que o erro de medição do período tem um impacto duas vezes maior no erro cometido na estimativa de g. Tal informação é importante no planejamento para a realização de um experimento mais preciso. □

Questão 3: Força gravitacional e função potencial

Considere um sistema de eixos $\mathcal{O}xyz$ de origem $\mathcal{O}$ no centro da Terra. Nesse sistema, se um satélite está no ponto P, a força $F(P)$ com que a Terra atrai o satélite tem direção e sentido dados pelo vetor unitário $U = -P/\|P\|$. Além disso, se as massas da Terra e do satélite são M e m, a intensidade da força é diretamente proporcional ao produto dessas massas e inversamente proporcional ao quadrado da distância $\|P\|$, com constante de proporcionalidade G. Segundo os itens abaixo, a função $f(P) = a/\|P\|$ está estreitamente relacionada com a força F.

a) Obtenha a expressão da força $F(P)$.

b) Calcule a derivada f_x e obtenha f_y e f_z por simetria.

c) Verifique que, escolhendo a apropriadamente, se tem $F(P) = (f_x(P), f_y(P), f_z(P))$. Nesse caso, f é dita uma função potencial para a força F.

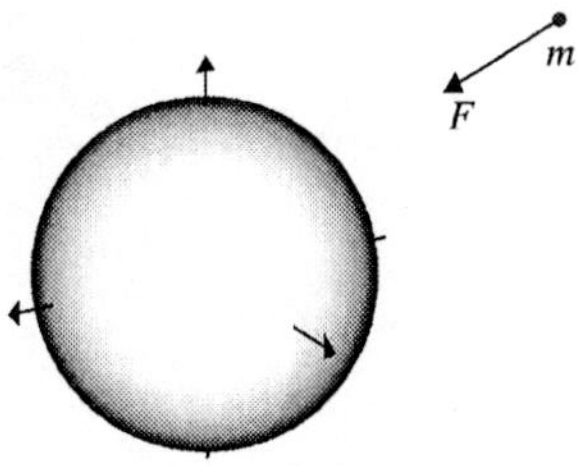

d) Calcule a derivada segunda f_{xx} e obtenha as outras derivadas f_{yy} e f_{zz} por simetria.

e) Verifique que f satisfaz à equação de Laplace $f_{xx} + f_{yy} + f_{zz} = 0$.

Solução.

a) O enunciado fornece informações sobre a intensidade e o sentido da força. Da descrição dada, a intensidade é $\|F(P)\| = GMm/\|P\|^2$. Com isso, a força é dada pela expressão $F(P) = \left(\frac{GMm}{\|P\|^2}\right)\left(-\frac{P}{\|P\|}\right) = -\frac{GMm}{\|P\|^3}P$. Em termos das coordenadas têm-se

$$F(x,y,z) = -\frac{GMm}{(x^2+y^2+z^2)^{3/2}}(x,y,z).$$

b) Com $f(x,y,z) = a/(x^2+y^2+z^2)^{1/2}$, a derivada parcial em relação a x é calculada aplicando a regra da cadeia, o que resulta em

$$f_x(x,y) = \frac{\partial}{\partial x}\left(\frac{a}{(x^2+y^2+z^2)^{1/2}}\right) = \frac{-\frac{1}{2}a}{(x^2+y^2+z^2)^{3/2}}\frac{\partial}{\partial x}(x^2+y^2+z^2)$$

$$= -a\frac{x}{(x^2+y^2+z^2)^{3/2}}.$$

Por simetria, as outras derivadas são

$$f_y(x,y) = -a\frac{y}{(x^2+y^2+z^2)^{3/2}} \quad \text{e} \quad f_z(x,y) = -a\frac{z}{(x^2+y^2+z^2)^{3/2}}.$$

c) Do item anterior, $(f_x, f_y, f_z) = -a(x,y,z)/(x^2+y^2+z^2)^{3/2} = -aP/\|P\|^3$. Por comparação direta com a expressão obtida no item a), pode-se ver que a escolha de $a = GMm$ garante que $F(P) = \nabla f(P) = (f_x(P), f_y(P), f_z(P))$. Esse resultado é interessante, pois as três funções que descrevem as componentes da força podem ser derivadas a partir de uma única função.

d) Da regra do produto e de uma nova aplicação da regra da cadeia, tem-se

$$f_{xx}(x,y) = \frac{\partial}{\partial x}\frac{-ax}{(x^2+y^2+z^2)^{3/2}} = \frac{-a}{(x^2+y^2+z^2)^{3/2}} + \frac{3ax^2}{(x^2+y^2+z^2)^{5/2}}$$
$$= -a\frac{-2x^2+y^2+z^2}{(x^2+y^2+z^2)^{5/2}}.$$

O argumento de simetria pode ser usado novamente para chegar a

$$f_{yy}(x,y) = -a\frac{x^2-2y^2+z^2}{(x^2+y^2+z^2)^{5/2}} \quad \text{e} \quad f_{zz}(x,y) = -a\frac{x^2+y^2-2z^2}{(x^2+y^2+z^2)^{5/2}}.$$

e) Como o denominador é o mesmo para todas as segundas derivadas encontradas acima, a soma dos numeradores

$$(-2x^2+y^2+z^2)+(x^2-2y^2+z^2)+(x^2+y^2-2z^2) = 0$$

garante que f satisfaz à equação $f_{xx}+f_{yy}+f_{zz} = 0$. □

Questão 4: Linhas de fluxo e função conjugada

Suponha que a chapa retangular $D = \{(x,y) \in \mathbb{R}^2;\ x \in (0,10) \text{ e } y \in (0,10)\}$ tenha temperatura $f(x,y) = y^2 - x^2$. As linhas de fluxo da chapa são aquelas por onde o calor flui, e são curvas ortogonais às curvas de nível de f. O surpreendente é que as linhas de fluxo são as curvas de nível de uma outra função $g(x,y)$, dita a função conjugada de $f(x,y)$. A menos de constante aditiva, essa nova função é definida pelas igualdades $g_x = f_y$ e $g_y = -f_x$.

a) Esboce as curvas de nível de f nos níveis $k=-1$, $k=0$ e $k=1$.

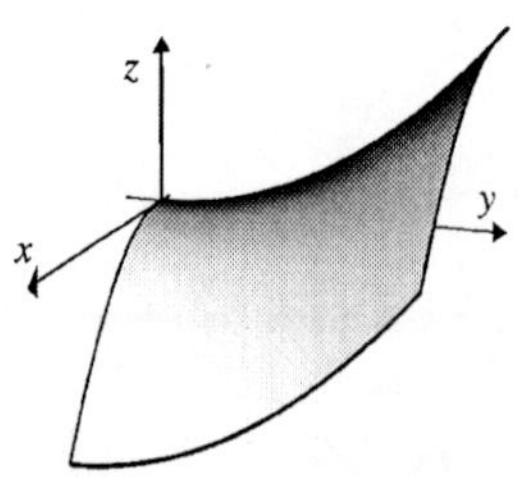

b) Integre a igualdade $g_x = f_y$ na variável x, notando que a constante de integração $d = d(y)$ pode depender de y.

c) Derive o resultado do item anterior na variável y, compare com a igualdade $g_y = -f_x$ e determine a função $d(y)$ a menos de constante.

d) Esboce a curva de nível de g no nível $c = 1$ supondo a constante nula.

e) Justifique o fato de que as linhas de fluxo são as curvas de nível de $g(x,y)$.

Solução.

a) A curva de nível k de f é o conjunto

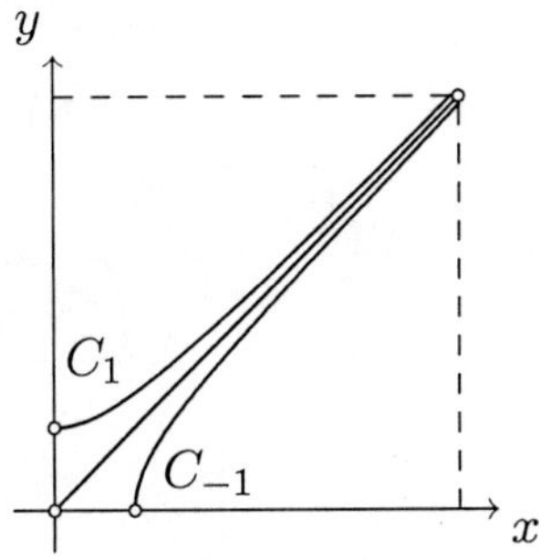

$$C_k = \{(x,y) \in D; f(x,y) = k\}$$
$$= \{(x,y) \in D; y^2 - x^2 = k\}.$$

Assim, restritas ao domínio D, C_0 corresponde à reta $y = x$ e as curvas C_1 e C_{-1} correspondem às hipérboles $y^2 - x^2 = \pm 1$. A figura ao lado ilustra as curvas obtidas.

b) A derivada parcial de f em relação a y é $f_y = 2y$. Assim, usando a igualdade $g_x = f_y$, obtêm-se

$$\int g_x \, dx = \int f_y \, dx = \int 2y \, dx = 2xy + d(y).$$

Com isso, a função conjugada tem a forma $g(x,y) = 2xy + d(y)$.

c) Pelo item anterior, a derivada de g em relação a y é

$$g_y(x,y) = \frac{\partial}{\partial y}(2xy + d(y)) = 2x + d'(y).$$

Como $f_x = -2x$, a equação $g_y = -f_x$ diz que $g_y = 2x$. Comparando, chega-se a $d'(y) = 0 \Rightarrow d(y) = d_0$, onde d_0 é constante.

d) Como consequência direta do item anterior, a função conjugada fica definida como $g(x,y) = 2xy$, supondo $d_0 = 0$.

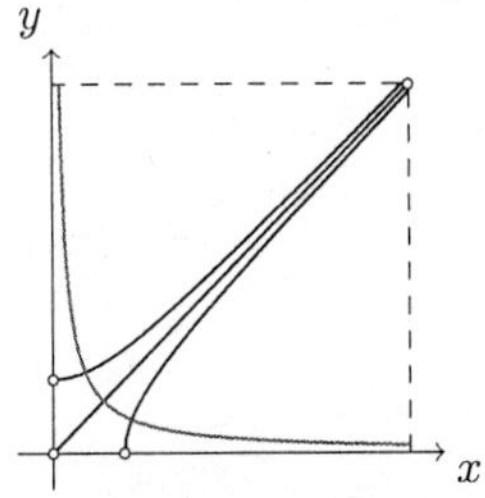

A curva de nível $c = 1$ de g é o conjunto

$$C_1 = \{(x,y) \in D; g(x,y) = 1\} = \{(x,y) \in D; y = \tfrac{1}{2x}\}.$$

A figura ao lado ilustra a curva descrita acima juntamente com as curvas de nível de f obtidas no item a).

e) As linhas de fluxo são ortogonais às curvas de nível de f. Assim, o vetor tangente às linhas de fluxo tem a mesma direção de ∇f. Por outro lado, ∇f é ortogonal a $\nabla g = (2y, 2x)$, pois $\langle \nabla g, \nabla f \rangle = 0$. Com isso, $\nabla g(x,y)$ é ortogonal à linha de fluxo que passa por (x,y), e essa é a característica da curva de nível de g.

□

4. Regra da cadeia

Foto: James Deann

Neste capítulo as questões trazem aplicações da regra da cadeia. Além de facilitar o cálculo de derivadas compostas, a regra da cadeia aparece na obtenção de diversos resultados do estudo de funções de várias variáveis. Na física, a regra da cadeia possibilita a dedução de relações fundamentais entre quantidades que descrevem sistemas naturais.

Questão 1: Médias aritmética e geométrica

Considere o problema de comparar a média aritmética $(x_0+y_0)/2$ com a média geométrica $\sqrt{x_0y_0}$ dos números não negativos x_0 e y_0. Nesse sentido, sejam $f(x,y)=xy$, $c=x_0+y_0$ e $P\colon [a,b]\to\mathbb{R}^2$, $P(t)=(x(t),y(t))$, uma parametrização regular do segmento de reta entre os pontos $P(a)=(c,0)$ e $P(b)=(0,c)$, conforme a figura. Julgue os itens a seguir.

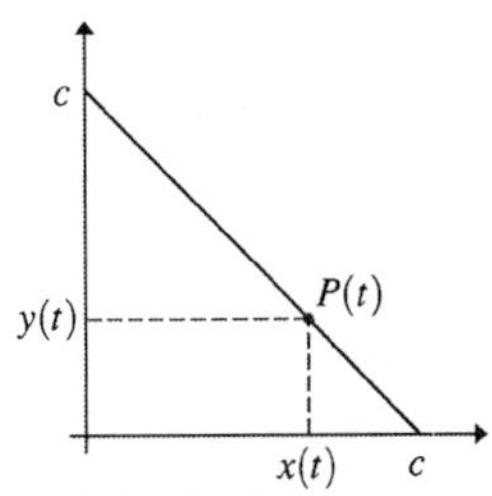

C | E a) Tem-se necessariamente que $x(t)+y(t)=c$.

C | E b) $P(t)\neq(x_0,y_0)$ para todo $t\in[a,b]$.

C | E c) $f(P(t))$ assume o valor mínimo em algum ponto interior ao intervalo $[a,b]$.

C | E d) Em um ponto crítico t_0 de $f(P(t))$, tem-se que $x(t_0)\neq y(t_0)$.

C | E e) A média aritmética é maior ou igual à média geométrica.

Solução.

C | E a) Pode-se verificar que a equação da reta que passa pelos pontos $(0,c)$ e $(c,0)$ é $x+y=c$. Ou seja, a soma das coordenadas de um ponto qualquer sobre a reta vale c. Portanto, como os pontos do segmento de reta estão sobre a reta e como $P(t)$ está no segmento para qualquer t, têm-se $x(t)+y(t)=c$. A afirmação do item está certa.

C E b) Caso o ponto (x_0,y_0) esteja sobre o segmento de reta, existirá algum $t\in[a,b]$ tal que $P(t)=(x_0,y_0)$. Por definição, o ponto está sobre a reta, pois $x_0+y_0=c$. Além disso, pela figura do enunciado, pode-se ver que segmento é a única parte da reta em que ambas as coordenadas são positivas. Portanto, (x_0,y_0) está no segmento e a afirmação do item está errada.

C E c) Para os pontos da fronteira do intervalo, tem-se $f(P(a)) = f(P(b)) = 0$, já que $y(a)=x(b)=0$. Por outro lado, a função é estritamente positiva no interior do intervalo, pois $x(t)>0$ e $y(t)>0$ para $t\in(a,b)$. Portanto, o valor mínimo da composta $f(P(t))$ é zero e ocorre na fronteira. Assim, a afirmação do item está errada.

C E d) Pela regra da cadeia, o ponto crítico é tal que

$$\frac{d}{dt}f(P(t))\bigg|_{t=t_0} = \langle\nabla f(P(t_0)),P'(t_0)\rangle = 0.$$

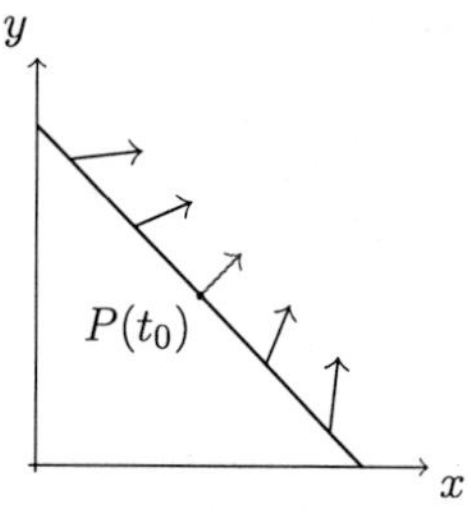

Assim, $\nabla f(P(t_0))$ é ortogonal à $P'(t_0)$ e, consequentemente, é ortogonal ao caminho nesse ponto. Como $(-1,1)$ é um vetor tangente ao caminho e $\nabla f(P(t_0)) = (y(t_0),x(t_0))$, deve-se ter $0 = \langle(y(t_0),x(t_0)),(-1,1)\rangle = x(t_0)-y(t_0) \Rightarrow x(t_0)=y(t_0)$.

Portanto, a afirmação do item está errada. A figura ilustra $\nabla f(P(t_0))$.

C E e) Do item anterior, têm-se $c=x(t_0)+y(t_0)=2x(t_0)\Rightarrow x(t_0)=y(t_0)=c/2$. O valor da função nesse ponto é $f(P(t_0))=c^2/4=\frac{1}{4}(x_0+y_0)^2$. Assim, por comparação com os pontos da fronteira, t_0 é ponto de máximo global de $f(P(t))$. Note que $f(P(t_0))$ é a média aritmética de x_0 e y_0 ao quadrado. Observe também que, como consequência do item b), existe $\hat{t}\in[a,b]$ tal que $f(P(\hat{t}))=x_0y_0$ é a média geométrica ao quadrado. Como t_0 é ponto de máximo, segue-se que $f(P(t_0))\geq f(P(\hat{t}))\Rightarrow\frac{1}{4}(x_0+y_0)^2\geq x_0y_0\Rightarrow\frac{1}{2}(x_0+y_0)\geq\sqrt{x_0y_0}$. Assim, a afirmação está certa. □

Questão 2: Conservação de energia

Considere uma distribuição de carga ao longo de $\mathscr{O}z$ com densidade constante $\delta = 1$. No domínio $D = \{(x,y); y > 0\}$ e para $K > 0$, a distribuição gera um campo elétrico que é o gradiente $E(x,y) = -\nabla f(x,y)$ da função $f(x,y) = -K\ln(x^2+y^2)$. Suponha que uma partícula de massa m e carga 1 se desloca ao longo da trajetória $P(t) = (x(t),y(t))$ sujeita apenas ao campo E. Nesse caso, E é a resultante das forças sobre a partícula e vale a lei de Newton $E(P(t)) = mP''(t)$. Com essa notação, $\mathscr{E}(t) = (m/2)\|P'(t)\|^2 + f(P(t))$ é a energia total da partícula no tempo t.

a) Calcule as derivadas $f_x(P)$ e $f_y(P)$.

b) Calcule a norma $\|E(P)\|$ e o vetor unitário $U(P)$ na direção e sentido do campo em um ponto genérico $P = (x,y) \in D$.

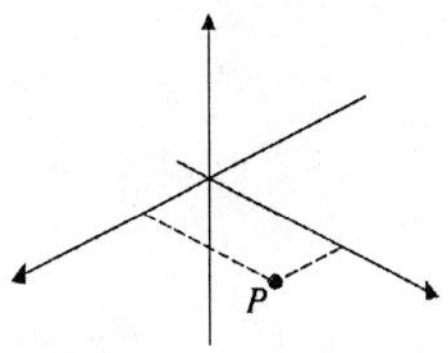

c) Esboce o vetor $U(P)$ e a curva de nível de f por um ponto genérico $P \in D$.

d) Verifique que a energia total é conservada, isto é, que $d\mathscr{E}(t)/dt \equiv 0$.

e) Use o item anterior para verificar que, se a partícula estiver se movendo sobre uma curva de nível de f, então $\|P'(t)\|$ é constante.

Solução.

a) Com a aplicação da regra da cadeia, a derivada de f em relação a x é

$$f_x(x,y) = -K\frac{\partial}{\partial x}\ln(x^2+y^2) = -K\left(\frac{1}{x^2+y^2}\right)\frac{\partial}{\partial x}(x^2+y^2) = -K\frac{2x}{x^2+y^2}$$

e, por simetria, a derivada em relação a y é $f_y(x,y) = -2Ky/(x^2+y^2)$.

b) Do item anterior, o campo elétrico é dado por $E(x,y) = -\nabla f(x,y) = \frac{2K}{x^2+y^2}(x,y)$ ou, escrevendo de outra maneira, $E(P) = 2KP/\|P\|^2$. Assim, o campo tem módulo igual a $\|E(P)\| = 2K\|P\|/\|P\|^2 = 2K/\|P\|$, onde $K > 0$, e direção e sentido dados por $U(P) = P/\|P\|$.

c)

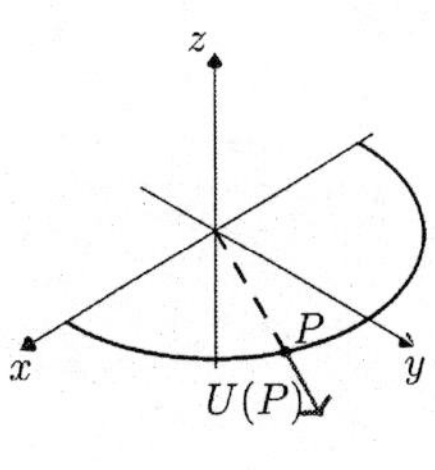

Em termos de P, a função f é escrita como $f(P) = -K\ln(\|P\|^2)$. Portanto, as curvas de nível de f são semicírculos centrados na origem. Em especial, a curva que passa por P é um semicírculo de raio $\|P\|$. Por outro lado, o vetor $U(P) = P/\|P\|$ é paralelo a P e, consequentemente, ortogonal à curva de nível. A figura ao lado ilustra o que foi dito acima.

d) A derivada temporal da energia total é $\frac{d}{dt}\mathscr{E} = \frac{d}{dt}\left(\frac{m}{2}\|P'(t)\|^2\right) + \frac{d}{dt}f(P(t))$. Reescrevendo em termos das coordenadas $(x(t), y(t))$, o primeiro termo é

$$\begin{aligned}\frac{d}{dt}\left(\frac{m}{2}\|P'(t)\|^2\right) &= \frac{m}{2}\frac{d}{dt}\left((x'(t))^2 + (y'(t))^2\right) \\ &= \frac{m}{2}(2x''(t)x'(t) + 2y''(t)y'(t)) = m\langle P''(t), P'(t)\rangle.\end{aligned}$$

O segundo termo pode ser obtido através da regra da cadeia, $\frac{d}{dt}f(P(t)) = \langle \nabla f(P(t)), P'(t)\rangle$. Como o gradiente de f é relacionado ao campo elétrico por $\nabla f(P) = -E(P)$, têm-se que $\frac{d}{dt}f(P(t)) = \langle -E(P(t)), P'(t)\rangle$. Por fim, usa-se a lei de Newton $E(P(t)) = mP''(t)$ para escrever a derivada como $\frac{d}{dt}f(P(t)) = \langle -mP''(t), P'(t)\rangle = -m\langle P''(t), P'(t)\rangle$. Portanto, a energia total não varia com o tempo, pois $\frac{d}{dt}\mathscr{E} = m\langle P''(t), P'(t)\rangle - m\langle P''(t), P'(t)\rangle = 0$ para qualquer t.

e) A partícula se mover sobre uma curva de nível de f implica que $f(P(t))$ é contante. Por outro lado, como visto na solução anterior, a energia total $\mathscr{E}$ também não varia. Por conta disso, têm-se que a energia cinética $\frac{m}{2}\|P'(t)\|^2 = \mathscr{E} - f(P(t))$ é constante e, consequentemente, a velocidade $\|P'(t)\|$ da partícula não muda. □

Questão 3: Derivadas limitadas, imagem limitada

Sabe-se que, para funções de uma variável, uma limitação na derivada implica limitação da própria função, e um fato semelhante pode ser mostrado para funções de duas variáveis. Para isso, sejam $R > 0$, $D = \{P \in \mathbb{R}^2; \|P\| \leq R\}$ e $f\colon D \to \mathbb{R}$ uma função diferenciável com $|f_x(P)| \leq 6$ e $|f_y(P)| \leq 8\ \forall\, P \in D$. Dados P_1 e P_2 em D, considere o caminho $P(t) = P_1 + t(P_2 - P_1)$ e a função $g(t) = f(P(t))$. Segundo o Teorema do Valor Médio, tem-se $g(1) - g(0) = g'(c)$ para $c \in (0,1)$. Se necessário, use a desigualdade $|\langle u, v\rangle| \leq \|u\|\|v\|\ \forall\, u, v \in \mathbb{R}^2$.

a) Obtenha $K_0 > 0$ tal que $\|\nabla f(P)\| \leq K_0$ para todo $P \in D$.

b) Obtenha a expressão de $g(1) - g(0)$ em termos de f e dos pontos P_1 e P_2.

c) Obtenha a expressão da derivada $g'(t)$ em termos das derivadas parciais de f e dos pontos P_1 e P_2.

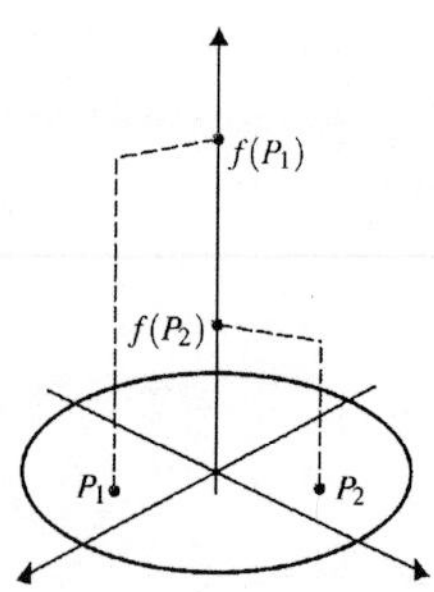

d) Obtenha uma constante K_1 tal que

$$\|f(P_1) - f(P_2)\| \leq K_1 \|P_1 - P_2\| \; \forall \, P_1, P_2 \in D$$

e) Obtenha $L > 0$ tal que a imagem de f esteja contida em um intervalo de comprimento L.

Solução.

a) O módulo do gradiente de f é $\|\nabla f(P)\| = \sqrt{f_x^2(P) + f_y^2(P)}$. Ambos os termos dentro da raiz são limitados, sendo que $f_x^2(P) = |f_x(P)|^2 \leq 6^2$ e $f_y^2(P) = |f_y(P)|^2 \leq 8^2$ para qualquer $P \in D$. Por conta disso, o valor de $\|\nabla f(P)\|$ também é limitado, pois $\|\nabla f(P)\| \leq \sqrt{6^2 + 8^2} = 10$. Assim, escolhendo $K_0 = 10$, têm-se que $\|\nabla f(P)\| \leq K_0$ para todo $P \in D$.

b) Com base no enunciado, sabe-se que $g(1) = f(P(1)) = f(P_2)$ e $g(0) = f(P(0)) = f(P_1)$. Portanto, a expressão desejada é $g(1) - g(0) = f(P_2) - f(P_1)$.

c) Como f é diferenciável, pode-se usar a regra da cadeia para obter que $g'(t) = \langle \nabla f(P(t)), P'(t) \rangle$. O vetor tangente é $P'(t) = P_2 - P_1$ e, portanto, a derivada é $g'(t) = \langle \nabla f(P(t)), P_2 - P_1 \rangle$, que já está em termos das derivadas parciais por estar em função do gradiente.

d) Um passo importante para se chegar a uma resposta é notar que $|f(P_2) - f(P_1)| = |g(1) - g(0)| = |g'(c)|$, com base na resposta do item b) e no enunciado. Por outro lado, como visto no item anterior, $g'(c) = \langle \nabla f(P(c)), P_2 - P_1 \rangle$. Através da desigualdade fornecida na questão, chega-se a $|g'(c)| \leq \|\nabla f(P(c))\| \|P_2 - P_1\|$. Uma vez que $\|\nabla f(P(c))\| \leq 10$, como visto na solução de a), tem-se que $|g'(c)| \leq 10\|P_2 - P_1\|$. Portanto, para $K_1 = 10$, obtêm-se

$$|f(P_2) - f(P_1)| = |g'(c)| \leq K_1 \|P_2 - P_1\|.$$

Cada passo do raciocínio acima é válido para quaisquer $P_1, P_2 \in D$ e, por isso, a relação obtida também é válida para quaisquer $P_1, P_2 \in D$.

e) Como consequência do item anterior, a diferença $|f(P_1) - f(P_2)|$ é menor ou igual a 10 vezes a distância entre os pontos. Por outro lado, sendo D o disco de raio R, a maior distância possível entre dois pontos em D é $2R$. Portanto, $|f(P_1) - f(P_2)| \leq 20R$ para quaisquer $P_1, P_2 \in D$. Logo, a imagem de f está contida em um intervalo de comprimento $L = 20R$. □

Questão 4: Regra da cadeia e derivada de integrais

Seja $u(x)$ a solução do problema de valor de contorno

$$-u''(x) = f(x), \ \ x \in (0,1), \quad u(0) = u(1) = 0. \tag{4.1}$$

que modela a temperatura da barra $[0,1]$ sujeita a uma fonte interna de calor $f(x)$. A solução pode ser escrita na forma $u(x) = g(x,x) + h(x,x)$, onde

$$g(x,y) = \int_0^x (1-y)tf(t)\,dt \quad \text{e} \quad h(x,y) = \int_x^1 y(1-t)f(t)\,dt.$$

É uma forma conveniente, pois permite relacionar as propriedades de $f(x)$ e $u(x)$.

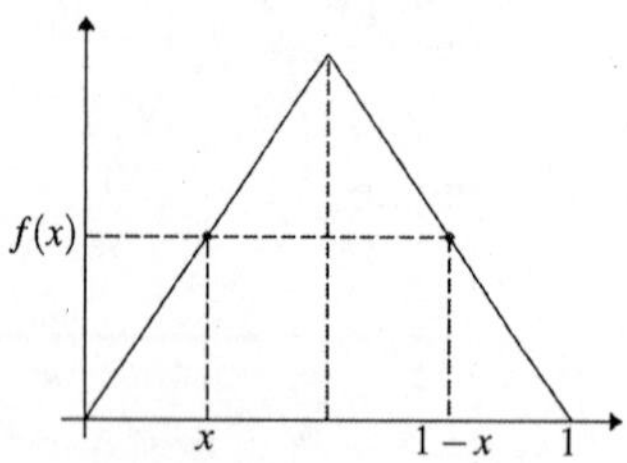

a) Use o teorema fundamental do Cálculo para calcular as derivadas parciais das funções $g(x,y)$ e $h(x,y)$.

b) Use a regra da cadeia para calcular a derivada da composta $g(x,x)$.

c) Calcule agora a derivada da composta $h(x,x)$ e obtenha a expressão de $u'(x)$.

d) Calcule $u''(x)$ e verifique que $u(x)$ é solução do problema (4.1).

e) Suponha que $f(x)$ tem a simetria $f(1-x) = f(x)$. Use a mudança de variável $t = 1-s$ para mostrar que $u(x)$ tem a mesma simetria.

Solução.

a) O teorema fundamental do cálculo fornece uma maneira de obter a derivada quando a variável está em um dos índices de integração. Nesse caso, têm-se que $\frac{\partial}{\partial x} g(x,y) = (1-y)xf(x)$, resultado obtido avaliando o integrando em $t = x$. Por outro lado,

$$\frac{\partial}{\partial y} g(x,y) = \int_0^x \frac{\partial}{\partial y}(1-y)tf(t)\,dt = -\int_0^x tf(t)\,dt,$$

onde utilizou-se a derivação sobre o sinal de integral. No caso de h, em que x está no índice inferior, avalia-se o integrando em $t = x$ e troca-se o sinal. Portanto, têm-se $\frac{\partial}{\partial x} h(x,y) = -y(1-x)f(x)$. Por fim, usando novamente a derivação sobre o sinal de integral, obtêm-se

$$\frac{\partial}{\partial y} h(x,y) = \int_x^1 (1-t)f(t)\,dt.$$

b) Aqui, a derivada é avaliada ao longo do caminho $(x,y(x)) = (x,x)$ e o vetor tangente é $\frac{d}{dx}(x,x) = (1,1)$. Pela regra da cadeia, têm-se que $\frac{d}{dx}g(x,x) = \langle \nabla g(x,x),(1,1)\rangle = g_x(x,x) + g_y(x,x)$. Usando os resultados do item anterior, chega-se a

$$\frac{d}{dx}g(x,x) = (1-x)xf(x) - \int_0^x tf(t)\,dt.$$

c) Analogamente, a derivada da composta agora é $\frac{d}{dx}h(x,x) = h_x(x,x) + h_y(x,x)$. Substituindo pelos resultados do item a), obtêm-se

$$\frac{d}{dx}h(x,x) = -x(1-x)f(x) + \int_x^1 (1-t)f(t)\,dt.$$

Com isso, segue-se que a derivada $u'(x) = \frac{d}{dx}g(x,x) + \frac{d}{dx}h(x,x)$ é

$$u'(x) = \int_x^1 (1-t)f(t)\,dt - \int_0^x tf(t)\,dt,$$

pois as derivadas de g e h possuem termos que se cancelam na soma.

d) Usando o teorema fundamental para derivar $u'(x)$, verifica-se que

$$u''(x) = -(1-x)f(x) - xf(x) = -f(x)$$

e, portanto, a equação diferencial é satisfeita. As condições de contorno também podem ser checadas. Substituindo $x = 0$ na expressão de $u(x)$ fornecida no enunciado, têm-se que $u(0) = g(0,0) + h(0,0) = 0$, pois $g(0,0) = 0$ por conta dos limites iguais de integração e $h(0,0) = 0$ por que o integrando é nulo. Analogamente para o caso $x = 1$.

e) Trocando x por $1-x$ na expressão fornecida, têm-se que

$$u(1-x) = \int_0^{1-x} xtf(t)\,dt + \int_{1-x}^1 (1-x)(1-t)f(t)\,dt.$$

Com a substituição sugerida, onde $t = 1-s$, obtêm-se

$$\begin{aligned} u(1-x) &= -\int_1^x x(1-s)f(1-s)\,ds - \int_x^0 (1-x)sf(1-s)\,ds \\ &= \int_x^1 x(1-s)f(s)\,ds + \int_0^x (1-x)sf(s)\,ds = u(x), \end{aligned}$$

onde utilizou-se os sinais de menos para inverter os limites de integração e a propriedade $f(s) = f(1-s)$. □

5. Máximos e mínimos

As questões deste capítulo ilustram características e técnicas presentes em problemas de otimização. Alguns dos conceitos abordados são essenciais para a área de otimização como um todo, independentemente das técnicas utilizadas. Métodos de otimização baseados em gradiente são amplamente utilizados para o treinamento de redes neurais artificiais. Além disso, o método de multiplicadores de Lagrange é aplicado em inúmeros ramos da ciência, desde a química quântica até a distribuição de energia elétrica.

Questão 1: Máximo ou mínimo, eis a questão

Para funções de uma variável $g(t)$, se $g'(0) = 0$ e $g''(0) > 0$, então $t = 0$ é mínimo local. Se usado para funções de várias variáveis, esse critério conduz a alguns resultados surpreendentes, como mostra o exemplo da função $f(x,y) = (y-3x^2)(y-x^2)$. Para isso, dada uma direção $v = (a,b)$, indique por $g(t) = f(tv)$ a restrição de f ao longo desta direção. Julgue os itens a seguir.

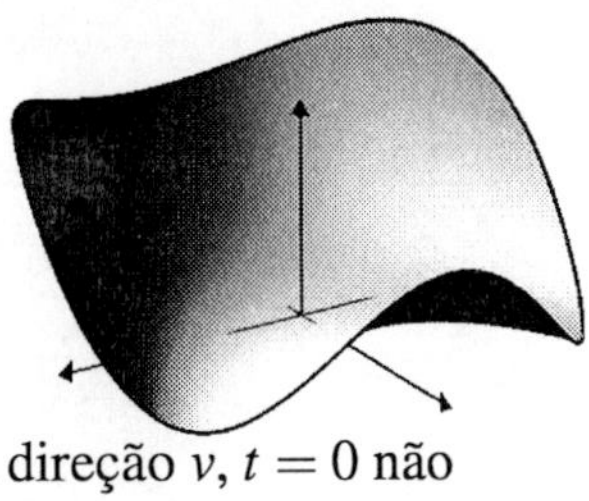

C | E a) Estudando as derivadas parciais, conclui-se que f é diferenciável na origem.

C | E b) Usando a regra da cadeia, obtém-se que, para alguma direção v, $t = 0$ não é ponto crítico da função $g(t)$.

C | E c) Calculando $g''(t)$, conclui-se que, para alguma direção v, $t = 0$ não é ponto de mínimo local de $g(t)$.

C | E d) Ao longo da curva $(t, 2t^2)$, a função f tem um máximo local em $t = 0$.

C | E e) A origem $(0,0)$ é ponto de mínimo local da função f.

Solução.

C E a) A diferenciabilidade dessa função é garantida pelo fato das derivadas parciais serem contínuas. De fato, calculando as derivadas têm-se

$$f_x = -x(8y - 12x^2) \quad \text{e} \quad f_y = 2y - 4x^2,$$

que são contínuas para todo $(x,y) \in \mathbb{R}^2$ e, em especial, para a origem. Portanto, $f(x,y)$ é diferenciável. A afirmação do item está certa.

C E b) Sendo f diferenciável, pode-se usar a regra da cadeia para obter que $g'(t) = \langle \nabla f(tv), v \rangle$. Para $t = 0$, têm-se $g'(0) = \langle \nabla f(0,0), v \rangle$. Com base nas derivadas obtidas no item a), o gradiente de f na origem é $\nabla f(0,0) = (0,0)$. Portanto, segue-se que $g'(0) = \langle (0,0), v \rangle = 0$ para qualquer vetor v. Assim, $t = 0$ é sempre ponto crítico de $g(t)$, independentemente da direção. A afirmação do item está errada.

C E c) O cálculo de $g''(t)$ pode ser feito por substituição. Com $g(t) = f(tv) = (bt - 3a^2t^2)(bt - a^2t^2)$, usa-se a regra do produto para obter

$$g'(t) = (b - 6a^2t)(bt - a^2t^2) + (bt - 3a^2t^2)(b - 2a^2t).$$

Como o ponto de interesse é $t = 0$, continuar o cálculo sem simplificar a expressão acima é um caminho viável. Aplicando novamente a regra do produto, obtêm-se

$$\begin{aligned} g''(t) = (-6a^2)(bt - a^2t^2) + (b - 6a^2t)(b - 2a^2t) \\ + (b - 6a^2t)(b - 2a^2t) + (bt - 3a^2t^2)(-2a^2). \end{aligned}$$

Avaliando em $t = 0$, o primeiro e o último termos do lado direito se anulam, restando $g''(0) = b^2 + b^2 = 2b^2$. Com isso, se $b \neq 0$, têm-se que $g''(0) > 0$ e, assim, $t = 0$ é de fato mínimo local. Por substituição, $g(t) = 3a^4t^4$ para $b = 0$, e, nesse caso, $t = 0$ também é mínimo local. Assim, $t = 0$ é ponto de mínimo local de $g(t)$ para qualquer direção e, por isso, a afirmação do item está errada.

C E d) Ao longo dessa curva, a função vale $f(t, 2t^2) = (2t^2 - 3t^2)(2t^2 - t^2) = -t^4$. Em $t = 0$ a função é zero e para $t \neq 0$ a função é negativa. Por conta disso, $t = 0$ é um ponto de máximo. Assim, a afirmação do item está certa.

C E e) Apesar de ser ponto de mínimo ao longo de todas as retas, a origem é ponto de máximo ao longo da curva $(t, 2t^2)$. Assim, há pontos P tão próximos da origem quanto se queira tais que $f(0,0) > f(P)$.

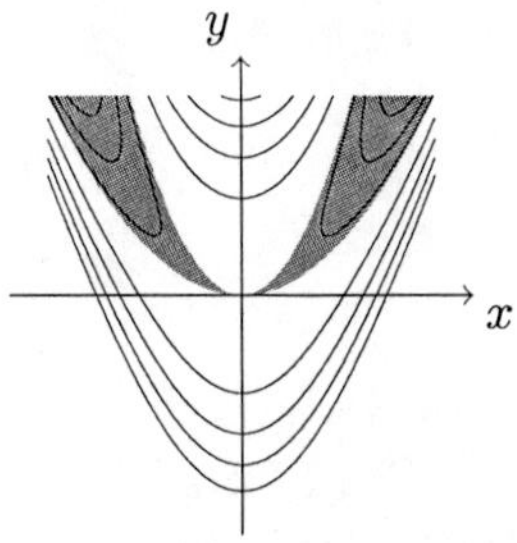

Portanto, a origem não é mínimo local de f e a afirmação do item está errada. A figura ao lado ilustra curvas de nível da função f. A região destacada é aquela onde $f(x,y) < 0$. Note que f assume valores positivos e negativos ao redor da origem, não importando o quão próximo se olhe. □

Questão 2: O paralelepípedo de maior volume

Considere o problema de determinar o paralelepípedo de maior volume que pode ser inscrito no elipsoide $\mathscr{E}$ de equação $\frac{x^2}{a^2} + \frac{y^2}{b^2} + \frac{z^2}{c^2} = 1$, onde a, b e c são constantes positivas. Para isso, seja $D = \{(x,y); x \geq 0, y \geq 0 \text{ e } \frac{x^2}{a^2} + \frac{y^2}{b^2} \leq 1\}$.

a) Para cada $(x,y) \in D$, determine $z = z(x,y) \geq 0$ de forma que o paralelepípedo retângulo de lados $2x$, $2y$ e $2z$ esteja inscrito no elipsoide $\mathscr{E}$.

b) Defina agora a função $V : D \to \mathbb{R}$ que fornece o volume do paralelepípedo acima.

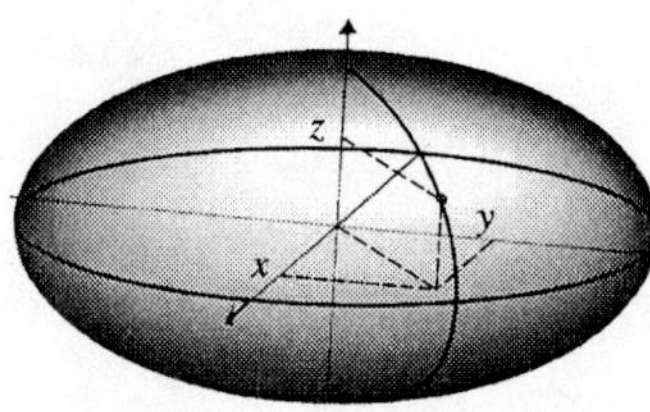

c) Justifique a afirmação de que o máximo de V é assumido no interior de D, e, portanto, é um ponto crítico.

d) Calcule os pontos críticos de V.

e) Usando os itens anteriores, determine os lados do paralelepípedo de maior volume que pode ser inscrito no elipsoide, justificando a sua resposta.

Solução.

a) Nesse caso, para $(x,y) \in D$, deve-se determinar o vértice $(x,y,z(x,y))$ do paralelepípedo que está sobre o elipsoide. As coordenadas desse ponto são tais que $\frac{x^2}{a^2} + \frac{y^2}{b^2} + \frac{z^2}{c^2} = 1$. Resolvendo para z, chega-se a

$$z(x,y) = c\sqrt{1 - \frac{x^2}{a^2} - \frac{y^2}{b^2}},$$

onde o sinal positivo para raiz é escolhido para que $z(x,y) \geq 0$.

b) O paralelepípedo de lados $2x$, $2y$ e $2z(x,y)$ tem volume igual a

$$V(x,y) = (2x)(2y)(2z(x,y)) = 8xyz(x,y) = 8xy\left(c\sqrt{1-\frac{x^2}{a^2}-\frac{y^2}{b^2}}\right),$$

para qualquer $(x,y) \in D$. A expressão acima faz sentido, uma vez que o volume se anula se $x=0$ ou $y=0$ e se $x^2/a^2+y^2/b^2=1$, situações nas quais ao menos um dos lados é igual a zero.

c) O volume é zero no bordo ∂D, pois ao menos um dos lados do paralelepípedo é zero nesse caso. Por outro lado, $V(x,y)$ é estritamente positivo para (x,y) no interior do domínio. Sendo D fechado e limitado e $V(x,y)$ uma função contínua em D, a existência do máximo é garantida. Como V é sempre maior no interior do domínio do que no bordo, o máximo está no interior e, portanto, é um ponto crítico.

d) Os pontos críticos devem satisfazer ao sistema $V_x(x,y) = V_y(x,y) = 0$ para (x,y) no interior de D. Pela regra do produto, a primeira derivada é dada por $V_x = \frac{\partial}{\partial x}[8xyz(x,y)] = 8yz(x,y) + 8xy\frac{\partial}{\partial x}z(x,y)$. Calculando a derivada no último termo, obtêm-se

$$\frac{\partial}{\partial x}z(x,y) = \frac{1}{2}c\frac{-2x/a^2}{\sqrt{1-\frac{x^2}{a^2}-\frac{y^2}{b^2}}} = -\frac{c^2}{a^2}\frac{x}{z(x,y)}$$

Portanto, após simplificação,

$$V_x(x,y) = 8c^2\frac{y}{z(x,y)}\left(\frac{z^2(x,y)}{c^2}-\frac{x^2}{a^2}\right)$$

$$V_y(x,y) = 8c^2\frac{x}{z(x,y)}\left(\frac{z^2(x,y)}{c^2}-\frac{y^2}{b^2}\right)$$

onde V_y foi obtida por simetria. Igualando V_x e V_y a zero chega-se às equações $z^2(x,y)/c^2 = x^2/a^2$ e $z^2(x,y)/c^2 = y^2/b^2$. Assim, o ponto crítico obedece as equações

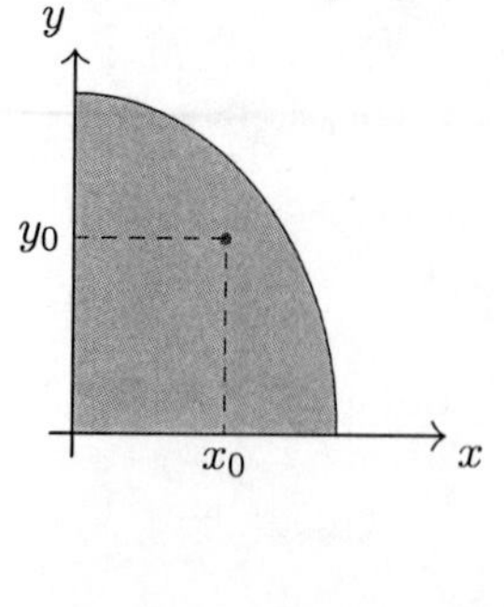

$$\frac{x^2}{a^2} = \frac{y^2}{b^2} = \frac{z^2(x,y)}{c^2}.$$

Substituindo na equação do elipsoide, segue que $x^2/a^2 + x^2/a^2 + x^2/a^2 = 3x^2/a^2 = 1 \Rightarrow x = a/\sqrt{3}$. Por simetria, têm-se também $y = b/\sqrt{3}$. Portanto, o ponto crítico é dado por $(x,y) = (x_0,y_0) = (a/\sqrt{3}, b/\sqrt{3})$.

A figura acima ilustra a posição do ponto crítico.

e) O ponto crítico encontrado no item anterior está no interior do domínio D, pois as coordenadas são positivas e $\frac{x_0^2}{a^2} + \frac{y_0^2}{b^2} = 1/3 + 1/3 = 2/3 < 1$. Pelo item c), esse único ponto crítico deve ser ponto de máximo absoluto. Assim, os lados do paralelepípedo de volume máximo são $2x_0 = 2a/\sqrt{3}$, $2y_0 = 2b/\sqrt{3}$ e $2z(x_0, y_0) = 2c/\sqrt{3}$. A figura ao lado ilustra o paralelepípedo de volume máximo. □

Questão 3: A calha de maior seção transversal

Considere a situação em que uma calha deve ser fabricada a partir de uma chapa de metal de largura igual a L m. A figura abaixo ilustra uma seção transversal da calha, que é simétrica e com três lados retos. Observe que a área A da seção transversal é uma função $A = A(s, \theta)$ das medidas s e θ indicadas na figura, e o domínio dessa função é o conjunto $D = [0, L/2] \times [0, \pi/2]$. Como a vazão é proporcional à área da seção transversal, o problema consiste em escolher os valores de s e θ que maximizam esta área.

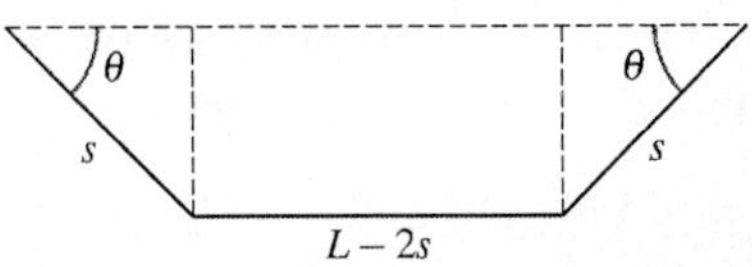

a) Obtenha a expressão da função $A(s, \theta)$.

b) Esboce o bordo ∂D do domínio D.

c) Determine o valor máximo de $A(s, \theta)$ sobre o bordo ∂D.

d) Calcule os pontos críticos de $A(s, \theta)$ que são interiores a D.

e) Determine os valores de s e θ que maximizam a área da seção transversal.

Solução.

a) Pela figura do enunciado, a seção transversal é composta por dois triângulos e um retângulo. Cada triângulo tem base de comprimento $s\cos(\theta)$ e altura $s\,\text{sen}(\theta)$. O retângulo possui a mesma altura, mas o comprimento da base é $L - 2s$. Daí que a área da seção transversal é

$$\begin{aligned} A(s, \theta) &= 2A_T + A_R = s^2 \cos(\theta)\,\text{sen}(\theta) + s\,\text{sen}(\theta)(L - 2s) \\ &= s\,\text{sen}(\theta)(s\cos(\theta) + L - 2s) \end{aligned}$$

Observe que $A(0, \theta) = A(s, 0) = 0$, como esperado, pois nesse caso não se forma uma área.

b) O domínio D corresponde ao retângulo ilustrado abaixo, e o bordo ∂D são os lados desse retângulo.

c) O valor máximo de $A(s,\theta)$ sobre o bordo deve ser procurado em cada um dos segmentos ilustrados na figura abaixo.

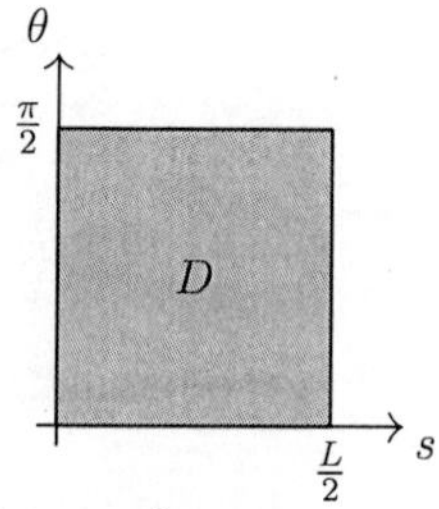

No segmento à esquerda, onde $s=0$, e no segmento da base, onde $\theta=0$, a área é identicamente nula, como notado no item a). No segmento à direita, onde $s=L/2$, têm-se a expressão

$$A(L/2,\theta)=\frac{L^2}{4}\sin(\theta)\cos(\theta)=\frac{L^2}{8}\sin(2\theta),$$

que assume valor máximo em $\theta=\pi/4$, onde $A(L/2,\pi/4)=L^2/8$.

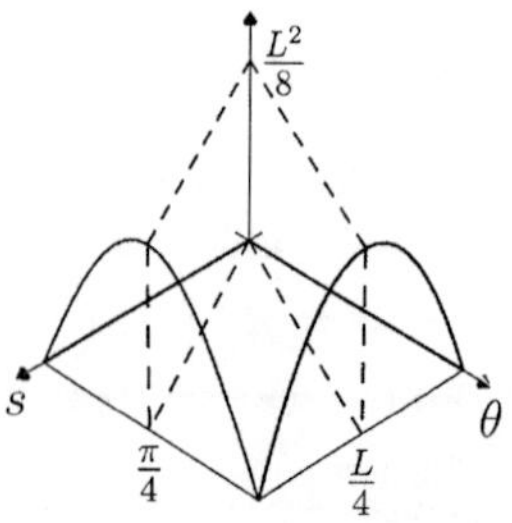

No segmento do topo, onde $\theta=\pi/2$, chega-se à expressão $A(s,\pi/2)=s(L-2s)$, que é uma parábola de raízes $s=0$ e $s=L/2$ e máximo no ponto médio entre elas, onde $s=L/4$. Nesse caso, $A(L/4,\pi/2)=L^2/8$. Portanto, o valor máximo sobre o bordo é $L^2/8$.

A figura ao lado ilustra os resultados obtidos.

d) Os pontos críticos devem satisfazer ao sistema $A_s(s,\theta)=A_\theta(s,\theta)=0$. Derivando a expressão encontrada no item a), chega-se ao sistema

$$\begin{cases}\sin(\theta)(s\cos(\theta)+L-2s)+s\sin(\theta)(\cos(\theta)-2)=0\\ s\cos(\theta)(s\cos(\theta)+L-2s)+s\sin(\theta)(-s\sin(\theta))=0\end{cases}$$

Para eliminar os primeiros termos, multiplica-se a primeira equação por $s\cos(\theta)$, a segunda por $-\text{sen}(\theta)$ e somam-se as duas, chegando a

$$s^2\,\text{sen}(\theta)\cos(\theta)(\cos(\theta)-2)+s^2\,\text{sen}(\theta)\,\text{sen}^2(\theta)=0.$$

No interior do domínio, têm-se que $\text{sen}(\theta)\neq 0$ e $s\neq 0$. Assim, pode-se dividir a equação por $s\,\text{sen}(\theta)$, resultando em $\cos^2(\theta)-2\cos(\theta)+\text{sen}^2(\theta)=1-2\cos(\theta)=0$. Resolvendo para θ, chega-se a $\cos(\theta)=1/2\Rightarrow\theta=\pi/3$. Por fim, substituindo esse resultado em uma das equações do sistema, encontra-se $s=L/3$. Como o tamanho e o ângulo encontrados são menores que $L/2$ e $\pi/2$, respectivamente, o ponto $(L/3,\pi/3)$ está no interior de D.

e) Deve-se comparar o valor máximo de A no borno com o valor de A no ponto crítico para se determinar o máximo absoluto da função em D. No ponto crítico, a área é $A(L/3,\pi/3)=\sqrt{3}L^2/12$. Do item c), o valor máximo sobre o bordo é $A(L/2,\pi/4) = L^2/8$. Basta então comparar as frações $\sqrt{3}/12$ e $1/8$. Como $\sqrt{3} \approx 1,7 > 3/2$, têm-se que

$$\frac{\sqrt{3}}{12} > \frac{3/2}{12} = \frac{1}{8}.$$

Por conta disso, os valores que maximizam a área da seção transversal são $s = L/3$ e $\theta = \pi/3$, pois $A(L/3,\pi/3) \geq A(L/2,\pi/4)$. O gráfico da função, ilustrado ao lado, deixa claro que o máximo está em um ponto interior ao domínio. □

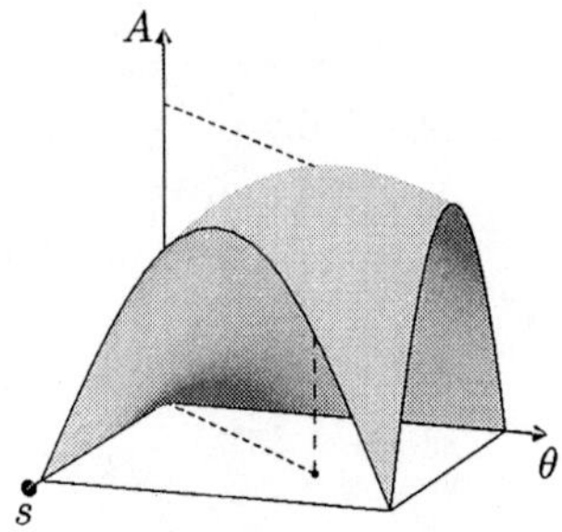

Questão 4: A viga de maior resistência

Suponha que um tronco de árvore tenha seção transversal elítica de semieixos a e b. Introduzindo o sistema $\mathcal{O}xy$ como na figura, considere o problema de determinar as dimensões da viga de maior resistência que pode ser extraída do tronco, onde a resistência é proporcional à largura $l = 2x$ e ao quadrado da altura $h = 2y$ da viga. Para as funções $f(x,y) = k(2x)(2y)^2$ e $g(x,y) = \frac{x^2}{a^2} + \frac{y^2}{b^2}$, definidas no domínio $D = \{(x,y);\ x \geq 0 \ \text{ e } \ y \geq 0\}$, o problema corresponde a determinar o máximo da restrição $f\big|_C$, onde C é a curva de nível 1 de g.

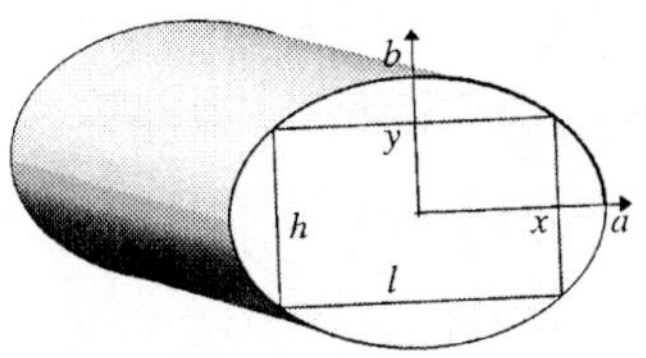

a) Justifique a afirmação de que $f\big|_C$ tem pontos de máximo e de mínimo absolutos.

b) Calcule os gradientes $\nabla f(x,y)$ e $\nabla g(x,y)$.

c) Obtenha o sistema que fornece os pontos críticos de $f\big|_C$.

d) Verifique se $f\big|_C$ tem pontos críticos.

e) Obtenha as dimensões da viga de maior resistência, justificando a resposta.

Solução.

a) O domínio C, destacado na figura do enunciado, é limitado e fechado, por conter os pontos de fronteira $(a,0)$ e $(0,b)$. Além disso, $f\big|_C$ é contínua, garantindo assim a existência de máximo e mínimo absolutos.

b) O gradiente de $f(x,y) = k(2x)(2y)^2 = 8kxy^2$ tem coordenadas dadas por $f_x(x,y) = 8ky^2$ e $f_y(x,y) = 8kx(2y) = 16kxy$. Por outro lado, as derivadas de g são $g_x(x,y) = 2x/a^2$ e $g_y(x,y) = 2y/b^2$. Portanto, têm-se que

$$\nabla f(x,y) = (8ky^2, 16kxy) \quad \text{e} \quad \nabla g(x,y) = \left(2x/a^2, 2y/b^2\right).$$

c) Do item anterior, sabe-se que o gradiente de g se anula apenas na origem e que, portanto, C é uma curva de nível regular de g. Assim, o sistema que fornece os pontos críticos de $f\big|_C$ é

$$\begin{cases} f_x = \lambda g_x \\ f_y = \lambda g_y \\ g = 1 \end{cases} \Rightarrow \begin{cases} 8ky^2 = 2\lambda x/a^2 \\ 16kxy = 2\lambda y/b^2 \\ x^2/a^2 + y^2/b^2 = 1 \end{cases}$$

onde λ é constante não nula, pois $\nabla f(x,y) \neq 0$ para pontos interiores a C.

d) Resolver o sistema é uma forma de verificar se $f\big|_C$ tem pontos críticos. No interior do domínio, tanto $x \neq 0$ quanto $y \neq 0$, o que permite dividir a primeira equação do sistema pela segunda, resultando em

$$\frac{y}{2x} = \frac{x}{y}\frac{b^2}{a^2}.$$

Isolando y na equação acima, obtêm-se $y = (\sqrt{2}b/a)x$. Esse resultado pode ser substituído na terceira equação para se encontrar x, desse modo $x^2/a^2 + 2x^2/a^2 = 1 \Rightarrow x = \sqrt{\frac{1}{3}}\, a$. A outra coordenada é $y = \sqrt{\frac{2}{3}}\, b$. Portanto, a restrição $f\big|_C$ tem ponto crítico. Como ambas as coordenadas são positivas, o ponto crítico $(x_0, y_0) = (\sqrt{\frac{1}{3}}\, a, \sqrt{\frac{2}{3}}\, b)$ é interior a C.

e) Nas extremidades de C, onde $x = 0$ ou $y = 0$, a resistência é zero. De fato, não se forma uma viga nesses casos.

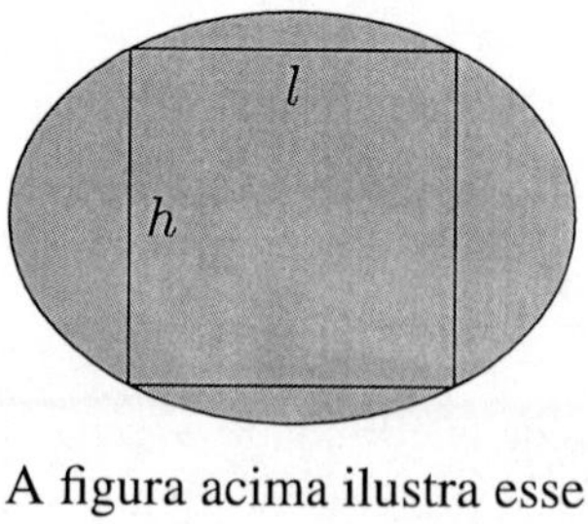

A resistência no ponto crítico é positiva e, portanto, máxima. Assim, a viga de maior resistência tem dimensões iguais a

$$l = 2x_0 = \sqrt{\frac{4}{3}}\, a \quad \text{e} \quad h = 2y_0 = \sqrt{\frac{8}{3}}\, b.$$

A figura acima ilustra esse resultado. □

II Integrais múltiplas

6. Integrais duplas

Este capítulo traz questões que exemplificam algumas das aplicações e sutilezas das integrais duplas. Essas integrais são utilizadas para a determinação de áreas e médias sobre áreas, além de aparecerem ao longo do cálculo de outros tipos de integrais abordadas nos capítulos seguintes. Por isso, integrais duplas estão em diversos ramos da física e da matemática, sendo os ramos de probabilidade e estatística dois exemplos importantes.

Questão 1: Volume do tetraedro

Considere o tetraedro limitado pelos planos coordenados e pelo plano

$$\frac{x}{a}+\frac{y}{b}+\frac{z}{c}=1,$$

em que a, b e c são constantes positivas. Como ilustra a figura, o tetraedro corresponde à região abaixo do gráfico de uma função $f\colon D \to \mathbb{R}$, onde D pode ser descrito na forma $D = \{(x,y); x \in I \text{ e } g_1(x) \le y \le g_2(x)\}$ com $I \subset \mathbb{R}$ um intervalo e funções apropriadas $g_1, g_2\colon I \to \mathbb{R}$. Julgue os itens a seguir.

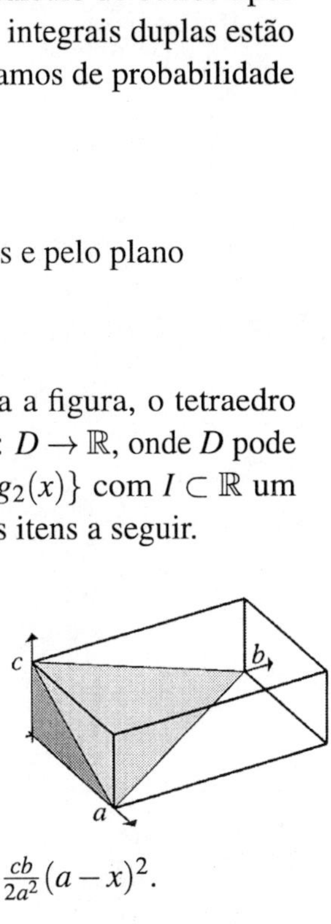

C | E a) O intervalo I é dado por $I = [0,b]$.

C | E b) A função g_2 é dada por $g_2(x) = \frac{a}{b}(a-x)\}$.

C | E c) A função f é dada por $f(x,y) = \frac{c}{ab}(ab - bx - ay)$.

C | E d) Calculando, obtém-se que $\int_{g_1(x)}^{g_2(x)} f(x,y)\,dy = \frac{cb}{2a^2}(a-x)^2$.

C | E e) Dos itens anteriores segue-se que o volume do tetraedro é um terço do volume do paralelepípedo de lados a, b e c.

Solução.

C E a)

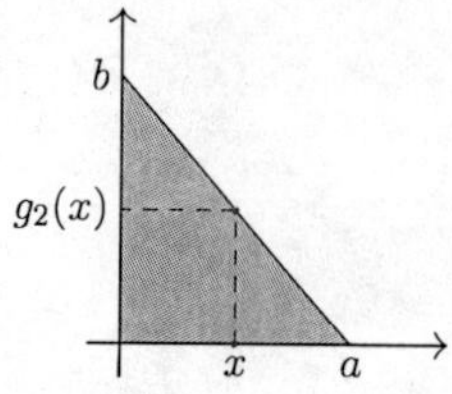

Com base na figura do enunciando, pode-se ver que o domínio D é o triângulo com vértices em $(0,0)$, $(a,0)$ e $(0,b)$, como ilustrado ao lado. Uma vez que x pode assumir valores entre 0 e a, o intervalo é $I = [0,a]$. Assim, a afirmação do item está errada.

C E b) Observe novamente a figura acima. Para cada valor de x, y está acima do eixo $\mathcal{O}x$ e abaixo da reta que passa pelos pontos $(a,0)$ e $(0,b)$. Quando a e b são não nulos, retas como essa tem equação da forma $x/a + y/b = 1$. Isolando y, obtêm-se $g_1(x) = 0$ e $g_2(x) = \frac{b}{a}(a-x)$. A fração em $g_2(x)$ está invertida na expressão fornecida pelo item, portanto a afirmação do mesmo está errada.

C E c) Da figura do enunciado, pode-se ver que o gráfico de f coincide com o plano para $(x,y) \in D$. Assim, deve-se ter $x/a + y/b + f(x,y)/c = 1$. Isolando $f(x,y)$ e simplificando, tem-se que

$$f(x,y) = c\left(1 - \frac{x}{a} - \frac{y}{b}\right) = \frac{c}{ab}(ab - bx - ay).$$

Portanto, a afirmação do item está certa. A integral dupla de f sobre o domínio D fornece o volume do tetraedro.

C E d) Da solução do item anterior, a integral em questão é dada por

$$\begin{aligned}\int_{g_1(x)}^{g_2(x)} f(x,y)\,dy &= \frac{c}{ab}\int_{g_1(x)}^{g_2(x)} (ab - bx - ay)\,dy \\ &= \frac{c}{ab}\left(aby - bxy - \frac{ay^2}{2}\right)\Bigg|_{g_1(x)}^{g_2(x)}\end{aligned}$$

Avaliando para $g_1(x) = 0$ e $g_2(x) = \frac{b}{a}(a-x)$, encontrados no item b), obtêm-se $\int_{g_1(x)}^{g_2(x)} f(x,y)\,dy = \frac{cb}{2a^2}(a-x)^2$. Portanto, a afirmação do item está certa.

C E e) Como já dito, o volume do tetraedro pode ser obtido através da integral dupla de f sobre D. Usando a descrição de D fornecida no enunciado e os resultados dos itens anteriores, o volume é

$$V = \iint_D f(x,y)\,dxdy = \int_0^a \left(\int_{g_1(x)}^{g_2(x)} f(x,y)\,dy\right)dx$$

$$= \int_0^a \frac{cb}{2a^2}(a-x)^2\,dx = \frac{abc}{6}.$$

Note que um dos passos para o cálculo das integrais iteradas foi realizado no item d). O volume de um paralelepípedo de lados a, b e c é abc. Portanto, o volume do tetraedro é um sexto daquele do paralelepípedo e, por isso, a afirmação do item está errada. □

Questão 2: Massa e densidade média de uma chapa

1) Seja D a chapa triangular de vértices em $(0,0)$, $(0,\sqrt{\pi})$ e $(\sqrt{\pi},\sqrt{\pi})$ com densidade $\delta : D \to \mathbb{R}$ dada por $\delta(x,y) = 2\,\mathrm{sen}(y^2)$.

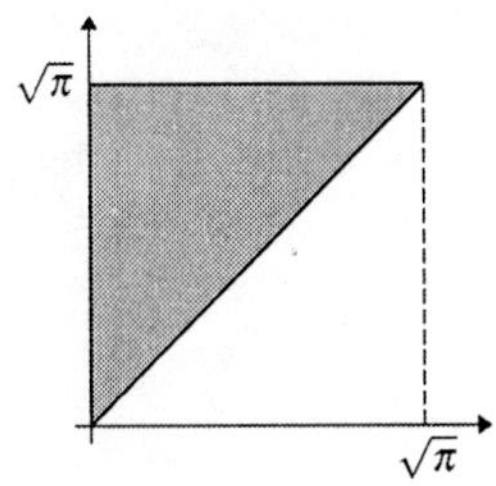

a) Determine por inspeção os valores máximo e mínimo de δ.

b) Descreva D na forma R_x.

c) Descreva D na forma R_y.

d) Calcule a massa M de D.

e) Calcule a densidade média de D e compare com os valores do item a).

Solução.

a) A densidade depende apenas de y^2, que varia entre 0 e π, como mostra a figura do enunciado. Nesse intervalo, a função seno inicia em 0, cresce até atingir o máximo de 1 e depois decresce para 0. Assim, δ assume seu valor mínimo em $y = 0$ e $y = \sqrt{\pi}$, onde a função se anula. O valor máximo ocorre para $y = \sqrt{\pi/2}$, onde a função seno é igual a um. Portanto,

$$\min \delta = \delta(x,0) = \delta(x,\sqrt{\pi}) = 0 \quad \text{e} \quad \max \delta = \delta(x,\sqrt{\pi/2}) = 2.$$

b) 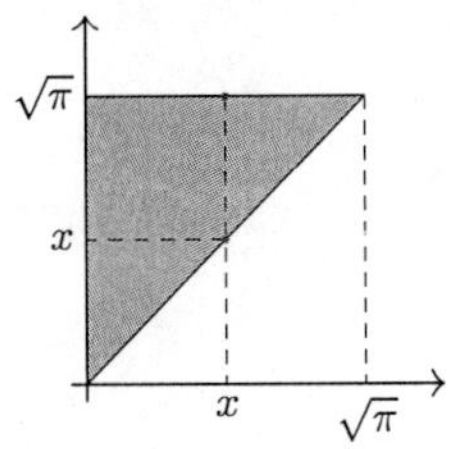

Para um dado x entre 0 e $\sqrt{\pi}$, os valores de y estão acima da reta $y = x$ e abaixo da reta $y = \sqrt{\pi}$, como ilustra a figura ao lado. Assim, o domínio na forma R_x é

$$D = \{(x,y) \in \mathbb{R}^2; 0 \le x \le \sqrt{\pi} \text{ e } x \le y \le \sqrt{\pi}\}.$$

c) De forma análoga ao item anterior, fixado y entre 0 e $\sqrt{\pi}$, os valores de x estão à direita do eixo y e à esquerda da reta $y = x$.

A figura ao lado ilustra a situação. Portanto, o domínio na forma R_y é

$$D = \{(x,y) \in \mathbb{R}^2; 0 \leq y \leq \sqrt{\pi} \text{ e } 0 \leq x \leq y\}.$$

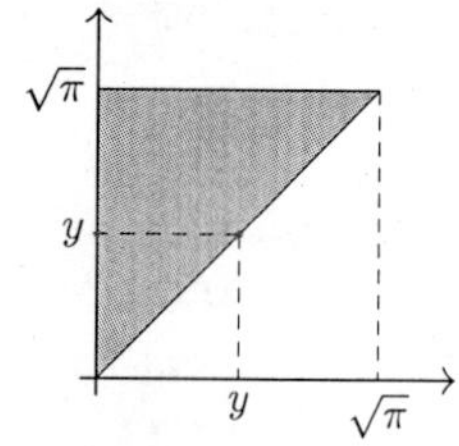

d) A massa de um elemento infinitesimal de área no ponto (x,y) é $dm = \delta(x,y)dxdy$. A massa total da chapa é a soma de todas essas massas infinitesimais que a compõem, ou seja, a massa é dada pela integral $M = \iint_D \delta(x,y)\,dxdy$. Para D na forma R_x, chega-se à integral

$$M = 2\int_0^{\sqrt{\pi}} \left(\int_x^{\sqrt{\pi}} \operatorname{sen}(y^2)\,dy \right) dx,$$

que é um ponto sem saída. Por outro lado, usando a forma R_y de D a integral pode ser prontamente calculada

$$\begin{aligned} M &= 2\int_0^{\sqrt{\pi}} \left(\int_0^{y} \operatorname{sen}(y^2)\,dx \right) dy = 2\int_0^{\sqrt{\pi}} \left[\operatorname{sen}(y^2) \left(\int_0^{y} dx \right) \right] dy \\ &= 2\int_0^{\sqrt{\pi}} y\operatorname{sen}(y^2)\,dy = \int_0^{\pi} \operatorname{sen}(u)\,du = 2. \end{aligned}$$

onde foi usada a substituição $u = y^2$. Portanto, a massa da chapa é $M = 2$.

e) A densidade média δ_0 é a razão entre a massa e a área. A a área é $A = (\sqrt{\pi}\sqrt{\pi})/2 = \pi/2$, pois a chapa é um triângulo com base e altura iguais a $\sqrt{\pi}$. De outra forma, por integração,

$$A = \int_0^{\sqrt{\pi}} \left(\int_0^{y} dx \right) dy = \int_0^{\sqrt{\pi}} y\,dy = \left(\frac{y^2}{2} \right) \Big|_0^{\sqrt{\pi}} = \frac{\pi}{2}.$$

Portanto, a densidade média é $\delta_0 = 4/\pi$ e, como esperado, têm-se que $\min \delta = 0 < \delta_0 < \max \delta = 2$. Em outras palavras, a densidade média é menor que a densidade máxima e maior que a mínima. □

Questão 3: A função é integrável?

De acordo com a figura abaixo, a função $f(x,y) = \dfrac{x-y}{(x+y)^3}$ apresenta uma forte descontinuidade na origem. Assim, ela será integrável no domínio $D = [0,1] \times [0,1]$ caso exista o

$$\lim_{\substack{\delta \to 0 \\ \varepsilon \to 0}} \int_\delta^1 \int_\varepsilon^1 f(x,y)\,dxdy.$$

Para verificar esse fato, considere as funções

$$h(y,\varepsilon) = \int_{\varepsilon}^{1} f(x,y)\,dx \quad \text{e} \quad H(\varepsilon,\delta) = \int_{\delta}^{1} h(y,\varepsilon)\,dy$$

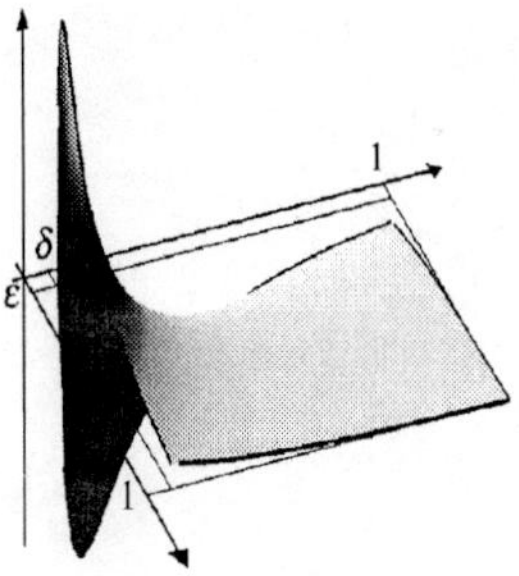

a) Calcule a expressão de $h(y,\varepsilon)$.

b) Calcule a expressão de $H(\varepsilon,\delta)$.

c) Calcule o limite $\lim_{\varepsilon\to 0} H(\varepsilon,\varepsilon)$

d) Calcule o limite $\lim_{\varepsilon\to 0} H(\varepsilon,2\varepsilon)$

e) Decida se a função f é integrável em D.

Solução.

a) A substituição $u = x+y$ facilita o cálculo de $h(y,\varepsilon)$. De fato,

$$\begin{aligned} h(y,\varepsilon) &= \int_{\varepsilon}^{1} \frac{x-y}{(x+y)^3}\,dx = \int_{\varepsilon+y}^{1+y} \frac{u-2y}{u^3}\,du = \int_{\varepsilon+y}^{1+y} \left(\frac{1}{u^2} - 2\frac{y}{u^3}\right) du \\ &= \left(-\frac{1}{u} + \frac{y}{u^2}\right)\Big|_{\varepsilon+y}^{1+y} = -\frac{1}{1+y} + \frac{y}{(1+y)^2} + \frac{1}{\varepsilon+y} - \frac{y}{(\varepsilon+y)^2} \\ &= -\frac{1}{(1+y)^2} + \frac{\varepsilon}{(\varepsilon+y)^2} \end{aligned}$$

Da segunda para a terceira linha, simplificou-se a equação realizando a soma de termos com $1+y$ e de termos com $\varepsilon+y$ no denominador. Note que $h(y,\varepsilon)$ é a integral interna na expressão para verificar se $f(x,y)$ é integrável no domínio D.

b) Com base no item anterior, pode-se escrever $H(\varepsilon,\delta)$ como

$$H(\varepsilon,\delta) = \int_{\delta}^{1} h(y,\varepsilon)\,dy = \int_{\delta}^{1} \left(-\frac{1}{(1+y)^2} + \frac{\varepsilon}{(\varepsilon+y)^2}\right) dy$$

Usando substituições análogas àquela usada anteriormente, obtêm-se

$$H(\varepsilon,\delta) = \left(\frac{1}{1+y} - \frac{\varepsilon}{\varepsilon+y}\right)\Big|_{\delta}^{1} = \frac{1}{2} - \frac{1}{1+\delta} - \frac{\varepsilon}{\varepsilon+1} + \frac{\varepsilon}{\varepsilon+\delta}.$$

Note que $f(x,y)$ é integrável no domínio D se existe o $\lim_{(\varepsilon,\delta)\to(0,0)} H(\varepsilon,\delta)$.

c) Do item anterior chega-se a

$$H(\varepsilon,\varepsilon)=\frac{1}{2}-\frac{1}{1+\varepsilon}-\frac{\varepsilon}{\varepsilon+1}+\frac{\varepsilon}{\varepsilon+\varepsilon}=\frac{1}{2}-\frac{1+\varepsilon}{1+\varepsilon}+\frac{1}{2}=1-1=0.$$

Como $H(\varepsilon,\varepsilon)=0$ independe do valor de ε, tem-se que $\lim_{\varepsilon\to 0} H(\varepsilon,\varepsilon)=0$.

d) A partir do resultado do item b), assim como no item anterior obtêm-se

$$\begin{aligned} H(\varepsilon,2\varepsilon) &= \frac{1}{2}-\frac{1}{1+2\varepsilon}-\frac{\varepsilon}{\varepsilon+1}+\frac{\varepsilon}{\varepsilon+2\varepsilon}=\frac{1}{2}-\frac{1}{1+2\varepsilon}-\frac{\varepsilon}{\varepsilon+1}+\frac{1}{3}\\ &= \frac{5}{6}-\frac{1}{1+2\varepsilon}-\frac{\varepsilon}{\varepsilon+1}. \end{aligned}$$

Quando ε tende a zero, o termo do meio tende a um, enquanto que o termo da direita tende a zero. Portanto, $\lim_{\varepsilon\to 0} H(\varepsilon,2\varepsilon)=5/6-1=-1/6$.

e) Visto que $H(\varepsilon,\delta)=\int_\delta^1\int_\varepsilon^1 f(x,y)\,dxdy$, a função $f(x,y)$ é integrável no domínio D se existe o limite

$$\lim_{(\varepsilon,\delta)\to(0,0)} H(\varepsilon,\delta)$$

Nos itens c) e d) foram calculados os limites para dois caminhos distintos, $\delta=\varepsilon$ e $\delta=2\varepsilon$. Como os resultados são distintos, a regra dos dois caminhos afirma que o limite destacado acima não existe e, portanto, a função $f(x,y)$ não é integrável em D. □

Questão 4: A escolha certa da ordem de integração

Em integrais iteradas, uma escolha adequada da ordem de integração pode facilitar muito os cálculos. Por exemplo, considere a região $\mathscr{D}$ limitada pelas curvas $y+1=0$, $y^2+x-4=0$ e $x+\sqrt{4-y^2}=0$, como ilustrado a seguir, e indique por $\mathscr{A}$ a sua área.

Se necessário, use que $\int\sqrt{4-t^2}\,dt=2\,\text{arcsen}(\frac{1}{2}t)+\frac{1}{2}t\sqrt{4-t^2}+k$.

a) Identifique as três curvas e determine as coordenadas dos pontos $A=(a_1,a_2)$, $B=(b_1,b_2)$, $C=(c_1,c_2)$ e $D=(d_1,d_2)$ indicados na figura.

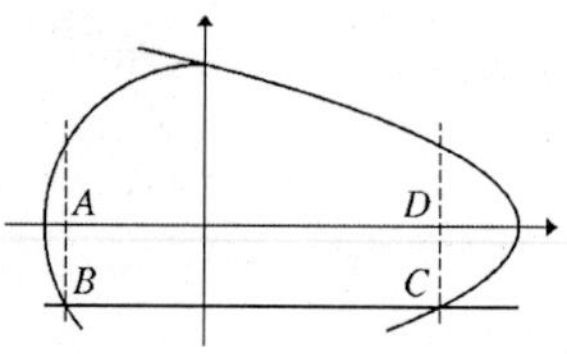

b) A região $\mathscr{D}$ pode ser dividida em quatro regiões do tipo R_x, com x variando nos intervalos $[a_1,b_1]$, $[b_1,0]$, $[0,c_1]$ e $[c_1,d_1]$. Descreva essas regiões.

c) Use o item anterior para calcular a área $\mathscr{A}$.

d) Observe que $\mathscr{D}$ é também uma região R_y, e descreva $\mathscr{D}$ nesta forma.

e) Do item anterior, a área $\mathscr{A}$ pode ser calculada por meio de uma única integral. Proceda a esse cálculo e compare com o resultado do item c).

Solução.

a) Uma forma fácil de identificar as curvas é relacionar as suas expressões com os formatos de seus gráficos. A curva $y+1=0 \Rightarrow y=-1$ é a reta que passa por B e C. Por outro lado, $y^2+x-4=0 \Rightarrow x=-y^2+4$ é a parábola que passa por C, intersectando a reta. Finalmente, $x+\sqrt{4-y^2}=0 \Rightarrow x=-\sqrt{4-y^2}$ é o semicírculo que intersecta a reta no ponto B.

Como B e C estão sobre a reta, ambos possuem coordenada $y=-1$. Assim, a coordenada x de B é $x=-\sqrt{4-(-1)^2}=-\sqrt{3}$ e a de C é $x=-(-1)^2+4=3$. Ou seja, $B=(-\sqrt{3},-1)$ e $C=(3,-1)$. Da figura, pode-se ver que A e D estão sobre o eixo $\mathscr{O}x$, e possuem coordenada $y=0$. Além disso, A está no semicírculo e possui coordenada $x=-\sqrt{4}=-2$. D está na parábola e possui coordenada $x=4$. Assim, têm-se $A=(-2,0)$ e $D=(4,0)$. A tabela abaixo resume o que foi encontrado.

Ponto	Coordenadas	Curvas
A	$(-2,0)$	Semicírculo e eixo $\mathscr{O}x$
B	$(-\sqrt{3},-1)$	Semicírculo e reta
C	$(3,-1)$	Parábola e reta
D	$(4,0)$	Parábola e eixo $\mathscr{O}x$

b) A figura abaixo ilustra as regiões e os pontos estudados no item anterior.

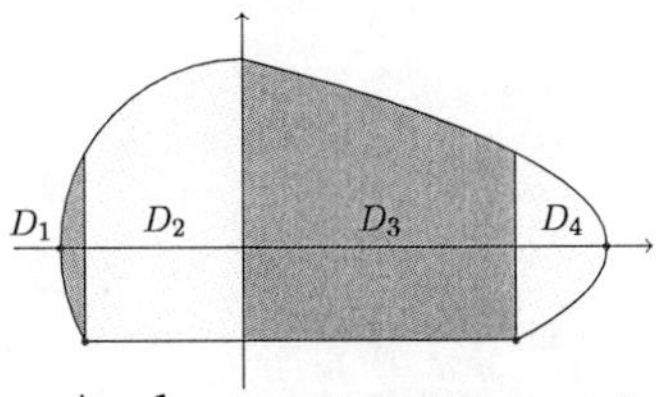

Pode-se ver que para x entre -2 e $-\sqrt{3}$, a coordenada y é limitada por baixo pelo semicírculo e por cima também pelo semicírculo.

Analogamente para os outros intervalos, pode-se usar a figura para montar a tabela que lista os limites de y para cada intervalo.

Intervalo	Limite Inferior	Limite Superior
$[-2,-\sqrt{3}]$	semicírculo	semicírculo
$[-\sqrt{3},0]$	reta	semicírculo
$[0,3]$	reta	parábola
$[3,4]$	parábola	parábola

Isolando y nas expressões para o semicírculo e para a parábola, tem-se $y=\pm\sqrt{4-x^2}$ e $y=\pm\sqrt{4-x}$, respectivamente. Assim, com base na tabela, as quatro regiões são

$$
\begin{aligned}
D_1 &= \{(x,y)\in\mathbb{R}^2; -2\le x\le -\sqrt{3} \text{ e } -\sqrt{4-x^2}\le y\le +\sqrt{4-x^2}\},\\
D_2 &= \{(x,y)\in\mathbb{R}^2; -\sqrt{3}\le x\le 0 \text{ e } -1\le y\le +\sqrt{4-x^2}\},\\
D_3 &= \{(x,y)\in\mathbb{R}^2; 0\le x\le 3 \text{ e } -1\le y\le +\sqrt{4-x}\} \text{ e}\\
D_4 &= \{(x,y)\in\mathbb{R}^2; 3\le x\le 4 \text{ e } -\sqrt{4-x}\le y\le +\sqrt{4-x}\}.
\end{aligned}
$$

c) A área total é a soma das áreas de cada uma das quatro regiões descritas no item anterior, ou seja, $\mathscr{A}=\mathscr{A}_1+\mathscr{A}_2+\mathscr{A}_3+\mathscr{A}_4$, onde $\mathscr{A}_i=\iint_{D_i} dxdy$. Cada uma dessas integrais deve ser calculada separadamente usando as regiões do tipo R_x. A primeira é dada por

$$
\begin{aligned}
\mathscr{A}_1 &= \iint_{D_1} dxdy = \int_{-2}^{-\sqrt{3}}\left(\int_{-\sqrt{4-x^2}}^{\sqrt{4-x^2}} dy\right)dx = 2\int_{-2}^{-\sqrt{3}}\sqrt{4-x^2}\,dx\\
&= 2\left(2\text{arcsen}\left(\frac{1}{2}x\right)+\frac{1}{2}x\sqrt{4-x^2}\right)\Big|_{-2}^{-\sqrt{3}}\\
&= -\frac{4}{3}\pi-\sqrt{3}+2\pi,
\end{aligned}
$$

em que usou-se o resultado fornecido no enunciado. Analogamente, a segunda integral é

$$
\begin{aligned}
\mathscr{A}_2 &= \iint_{D_2} dxdy = \int_{-\sqrt{3}}^{0}\left(\int_{-1}^{\sqrt{4-x^2}} dy\right)dx = \int_{-\sqrt{3}}^{0}(\sqrt{4-x^2}+1)\,dx\\
&= \left(2\text{arcsen}\left(\frac{1}{2}x\right)+\frac{1}{2}x\sqrt{4-x^2}+x\right)\Big|_{-\sqrt{3}}^{0}\\
&= \frac{2}{3}\pi+\frac{\sqrt{3}}{2}+\sqrt{3}.
\end{aligned}
$$

Com a substituição $u = 4 - x$, calcula-se a área da terceira região

$$\mathscr{A}_3 = \iint_{D_3} dxdy = \int_0^3 \left(\int_{-1}^{\sqrt{4-x}} dy \right) dx = \int_0^3 (\sqrt{4-x}+1)\, dx$$
$$= \int_1^4 \sqrt{u}\, du + 3 = \left(\frac{2}{3} u^{\frac{3}{2}} \right) \Big|_1^4 + 3 = \frac{16}{3} - \frac{2}{3} + 3.$$

Finalmente, fazendo uso da mesma substituição, a área da quarta região é

$$\mathscr{A}_4 = \iint_{D_4} dxdy = \int_3^4 \left(\int_{-\sqrt{4-x}}^{\sqrt{4-x}} dy \right) dx = 2\int_3^4 \sqrt{4-x}\, dx$$
$$= 2\int_0^1 \sqrt{u}\, du = 2\left(\frac{2}{3} u^{\frac{3}{2}} \right) \Big|_0^1 = \frac{4}{3}.$$

A soma dos valores das integrais fornece a área total $\mathscr{A} = 9 + \frac{4}{3}\pi + \frac{1}{2}\sqrt{3}$.

d) Observe a figura ao lado.

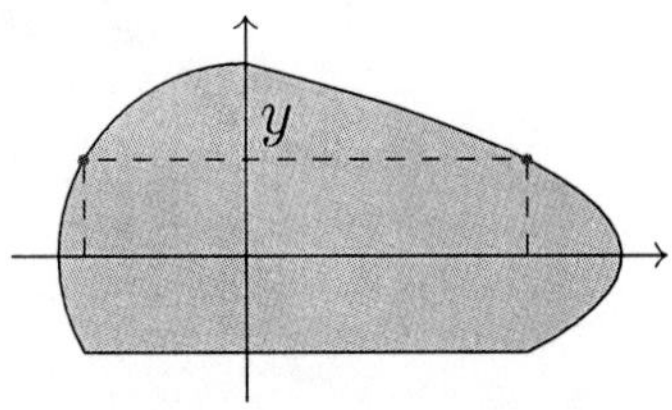

Para cada y, x está limitado à esquerda pelo semicírculo e à direita pela parábola. Além disso, o valor mínimo de y é -1 e o valor máximo é aquele onde as curvas se intersectam.

Tem-se $x = 0$ no ponto de intersecção e, substituindo na expressão da parábola, obtém-se $y = \sqrt{4-0} = 2$. Com isso, a região na forma R_y é

$$D = \{(x,y) \in \mathbb{R}^2; -1 \le y \le 2 \text{ e } -\sqrt{4-y^2} \le x \le -y^2+4\}.$$

e) Com base no item anterior, a área da região é dada por

$$\mathscr{A} = \iint_D dxdy = \int_{-1}^2 \left(\int_{-\sqrt{4-y^2}}^{-y^2+4} dx \right) dy = \int_{-1}^2 (-y^2+4+\sqrt{4-y^2})\, dy$$
$$= \left(-\frac{y^3}{3} + 4y + 2\operatorname{arcsen}\left(\frac{1}{2} y \right) + \frac{1}{2} y\sqrt{4-y^2} \right) \Big|_{-1}^2$$
$$= -\frac{8}{3} + 8 + \pi - \frac{1}{3} + 4 + \frac{\pi}{3} + \frac{\sqrt{3}}{2} = 9 + \frac{4}{3}\pi + \frac{\sqrt{3}}{2}.$$

Usou-se novamente o resultado fornecido no enunciado para calcular a integral de $\sqrt{4-y^2}$. Como esperado, a área obtida usando a descrição R_y é igual àquela obtida usando a descrição R_x. Entretanto, um desses caminhos é bem mais tortuoso. □

7. Mudança de variáveis em 2D

Neste capítulo as questões tratam de exemplos de mudanças de coordenadas em duas dimensões. Essas mudanças ampliam o escopo de aplicações de integrais duplas. Assim como o assunto do capítulo anterior, os conceitos ilustrados aqui podem ser facilmente generalizados para três ou mais dimensões. A natureza parece ter um carinho especial pelas coordenadas polares, pois estas facilitam a descrição de sistemas desde a escala planetária até a escala atômica.

Questão 1: De uma elipse a um círculo unitário

Considere a chapa D limitada pela elipse $x^2 - xy + y^2 = 2$, conforme figura, e suponha que D tenha densidade $\delta(x,y) = x^2 - xy + y^2$. Indique por M a massa e por $C = (\overline{x}, \overline{y})$ o centro de massa de D. Escolhendo $a > 0$ e $b > 0$ apropriados, a mudança $(x,y) = g(u,v) = (au - bv, au + bv)$ transforma D em um disco unitário $\widehat{D}$ nas variáveis u e v. Julgue os itens a seguir.

C | E a) O jacobiano $J_g(u,v)$ não depende das variáveis u e v.

C | E b) Nas novas variáveis tem-se que $M = \iint_{\widehat{D}} (a^2u^2 + 3b^2v^2)\, du dv$.

C | E c) As escolhas apropriadas são $a = \sqrt{2/3}$ e $b = \sqrt{2}$.

C | E d) Calculando, obtém-se que $M > 2\pi$.

C | E e) O centro de massa é tal que $\overline{x} > \overline{y}$.

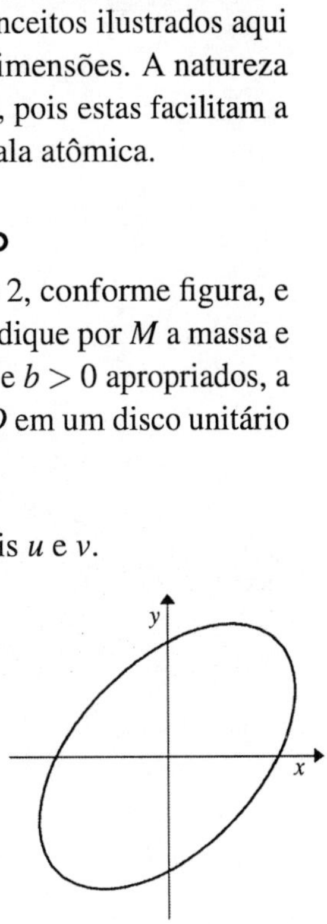

Solução.

C E a) Como as derivadas de $x(u,v)$ e $y(u,v)$ resultam em expressões com apenas a e b, o jacobiano $J_g(u,v)$ é independente de u e v. De fato,

$$\begin{aligned} J_g(u,v) &= \det \begin{bmatrix} x_u(u,v) & y_u(u,v) \\ x_v(u,v) & y_v(u,v) \end{bmatrix} \\ &= \det \begin{bmatrix} a & a \\ -b & b \end{bmatrix} = ab - (-ab) = 2ab. \end{aligned}$$

Portanto, a afirmação do item está certa.

C E b) Um passo necessário para expressar M em termos de uma integral sobre $\hat{D}$ é descrever a densidade nessas novas variáveis. Substituindo $g(u,v)$ em δ, obtêm-se

$$\begin{aligned} \delta(g(u,v)) &= (au-bv)^2 - (au-bv)(au+bv) + (au+bv)^2 \\ &= a^2u^2 + 3b^2v^2. \end{aligned}$$

Com isso, a massa da chapa é dada por

$$\begin{aligned} M &= \iint_D \delta(x,y)\,dxdy = \iint_{\hat{D}} \delta(g(u,v))|J_g(u,v)|\,dudv \\ &= \iint_{\hat{D}} (a^2u^2 + 3b^2v^2)(2ab)\,dudv. \end{aligned}$$

Em comparação à expressão dada no item, faltou $J_g(u,v)$. Um pecado! Assim, a afirmação do item está errada.

C E c) Em termos das variáveis u e v, a elipse que limita o domínio é

$$x^2(u,v) - x(u,v)y(u,v) + y^2(u,v) = 2 \Rightarrow a^2u^2 + 3b^2v^2 = 2,$$

enquanto que o objetivo da mudança de variáveis proposta é que $\hat{D}$ seja um disco unitário, ou seja, que $u^2 + v^2 = 1$. Assim, por comparação entre as duas expressões, as escolhas apropriadas são

$$a^2 = 2 \Rightarrow a = \sqrt{2} \quad \text{e} \quad 3b^2 = 2 \Rightarrow b = \sqrt{2/3}.$$

A afirmação do item está errada, pois troca os valores de a e b.

C E d) Com as escolhas feitas no item anterior, $\hat{D}$ torna-se um círculo unitário, que em coordenadas polares é descrito como $\tilde{D} = \{(r,\theta) \in \mathbb{R}^2; 0 < r < 1 \text{ e } 0 < \theta < 2\pi\}$. Lembrando que $a^2 = 2$ e $3b^2 = 2$, a densidade $\delta(u,v) = 2u^2 + 2v^2$ torna-se $\delta(r,\theta) = 2r^2$. Com isso, segue-se que

$$M = \frac{4}{\sqrt{3}} \iint_{\hat{D}} (2u^2 + 2v^2)\, du dv = \frac{4}{\sqrt{3}} \iint_{\tilde{D}} (2r^2) r\, dr d\theta$$

$$= \frac{8}{\sqrt{3}} \int_0^{2\pi} \left(\int_0^1 r^3\, dr \right) d\theta = \left(\frac{16}{\sqrt{3}} \pi \right) \left(\frac{r^4}{4} \right) \Big|_0^1 = \left(\frac{2}{\sqrt{3}} \right) (2\pi),$$

onde $J_g(u,v) = 4/\sqrt{3}$ para os valores de a e b escolhidos no item anterior. Uma vez que $2 > \sqrt{3}$, sabe-se que $M > 2\pi$. Portanto, a afirmação do item está certa.

C E e) 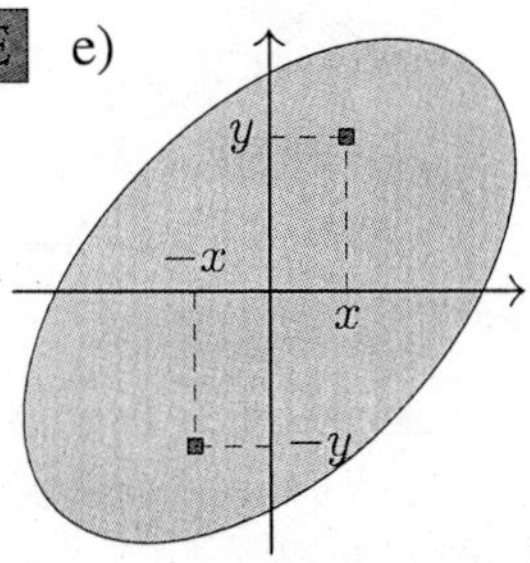

A simetria da chapa e da função densidade podem ser usadas para obter as coordenadas do centro de massa.

Com efeito, para um elemento infinitesimal de área no ponto (x,y), há sempre um elemento em $(-x,-y)$ com a mesma densidade, uma vez que $\delta(-x,-y) = \delta(x,y)$.

Com isso, as contribuições desses elementos para o centro de massa se cancelam e, portanto, $\bar{x} = \bar{y} = 0$. Veja a figura ao lado. Assim, a afirmação do item está errada. □

Questão 2: De uma forma complicada a um retângulo

Seja $D \subset \mathbb{R}^2$ a chapa no primeiro quadrante limitada pelas parábolas $y = x^2$, $y = 8x^2$ e pelas hipérboles $xy = 1$, $xy = 27$, e com densidade $\delta(x,y) = (y/x^2)^{1/3}$ kg/m^2. Definindo as variáveis $u > 0$ e $v > 0$ tais que $x = u/v$ e $y = u^2 v$, obtém-se uma mudança de variáveis $g\colon \widehat{D} \to D$, onde $\widehat{D}$ é tal que $g(\widehat{D}) = D$.

a) A partir do esboço da chapa ao lado, determine as coordenadas de todos os pontos de interseção das curvas que limitam a região.

b) Do item anterior, obtenha a e b tais que $a \le y \le b$ para todo $(x,y) \in D$.

c) Descreva do domínio $\widehat{D}$.

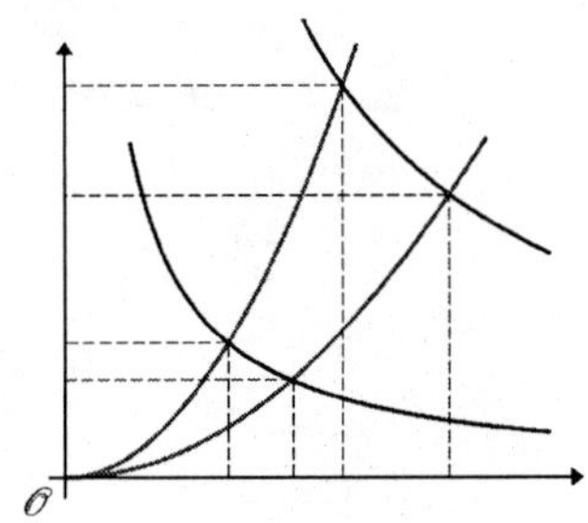

d) Calcule a massa M de D.

e) Calcule agora a coordenada $\overline{y}$ do centro de massa de D e verifique se o resultado está de acordo com aqueles do item b).

Solução.

a) 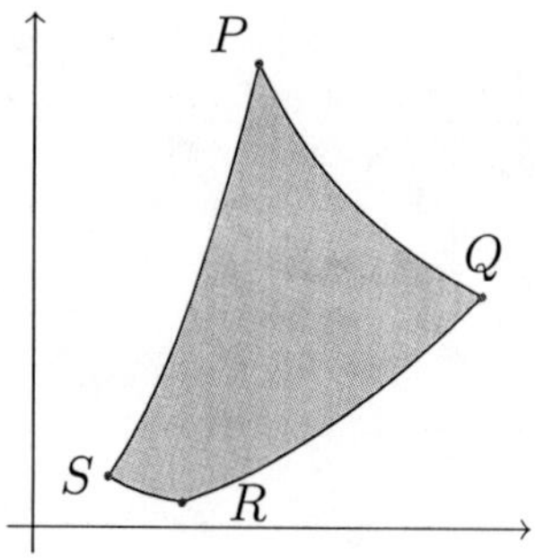

O primeiro passo é identificar qual parábola e qual hipérbole se intersectam em cada ponto daqueles identificados na figura ao lado. Por exemplo, o ponto P surge da intersecção da parábola $y = 8x^2$ e da hipérbole $xy = 27$ e, portanto, suas coordenadas satisfazem o sistema

$$\begin{cases} y = 8x^2 \\ xy = 27 \end{cases}$$

Resolvendo, chega-se a $8x^3 = 27 \Rightarrow x = 3/2$ e, consequentemente, $y = 18$. As coordenadas dos outros pontos são soluções de sistemas análogos, onde apenas as constantes mudam. Assim, as coordenadas de todos os pontos são $P = (3/2, 18)$, $Q = (3, 9)$, $R = (1, 1)$ e $S = (1/2, 2)$.

b) Com a figura do item anterior, pode-se ver que P é o ponto mais alto em D e que R é o ponto mais baixo. Por isso, a coordenada y de qualquer ponto em D é sempre menor ou igual a coordenada y de P e sempre maior ou igual a de R. Assim, $a = 1 \leq y \leq 18 = b$ para todo $(x, y) \in D$.

c) Um bom começo para descrever $\hat{D}$ é obter as expressões, nas novas variáveis, das curvas que limitam a chapa. A hipérbole $xy = 1$ é dada por

$$x(u, v)y(u, v) = \left(\frac{u}{v}\right)(u^2 v) = u^3 = 1 \Rightarrow u = 1.$$

Do mesmo modo, a hipérbole $xy = 27$ é dada por $u^3 = 27 \Rightarrow u = 3$. Já para a parábola $y = x^2$, segue-se que $y(u, v) = x^2(u, v) \Rightarrow u^2 v = \left(\frac{u}{v}\right)^2 \Rightarrow v^3 = 1 \Rightarrow v = 1$. Analogamente para $y = 8x^2$, chega-se a $v = 2$. Em outras palavras, as curvas que definem D são constantes em termos de u e v. Com base na figura ao lado tem-se

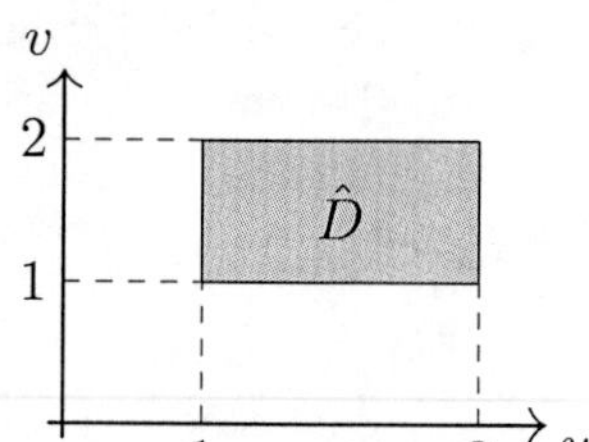

$$\hat{D} = \{(u, v) \in \mathbb{R}^2; 1 \leq u \leq 3 \text{ e } 1 \leq v \leq 2\}.$$

d) A mudança de variáveis $g(u, v)$ facilita o cálculo de M. De fato, com jacobiano dado por

$$J_g(u,v) = \det \begin{bmatrix} x_u(u,v) & y_u(u,v) \\ x_v(u,v) & y_v(u,v) \end{bmatrix}$$

$$= \det \begin{bmatrix} 1/v & 2uv \\ -u/v^2 & u^2 \end{bmatrix} = \frac{u^2}{v} + 2\frac{u^2}{v} = 3\frac{u^2}{v}$$

e com $\delta(x(u,v),y(u,v)) = ((u^2v)/(u/v)^2)^{1/3} = v$, a massa da chapa é

$$M = \iint_D \delta(x,y)\,dxdy = \iint_{\hat{D}} \delta(g(u,v))|J_g(u,v)|\,dudv$$

$$= \int_1^2 \left(\int_1^3 v\left(3\frac{u^2}{v}\right) du \right) dv = 3\int_1^2 \left(\int_1^3 u^2\,du \right) dv$$

$$= 3\left(\frac{u^3}{3}\right)\Big|_1^3 = 27 - 1 = 26.$$

e) A coordenada $\bar{y}$ do centro de massa é dada por

$$\bar{y} = \frac{M_x}{M} = \frac{1}{M}\iint_D y\delta(x,y)\,dxdy$$

$$= \frac{1}{M}\iint_{\hat{D}} y(u,v)\delta(g(u,v))|J_g(u,v)|\,dudv = \frac{3}{M}\int_1^2 \left(\int_1^3 u^4 v\,du \right) dv$$

$$= \frac{3}{M}\left(\frac{v^2}{2}\right)\Big|_1^2 \left(\frac{u^5}{5}\right)\Big|_1^3 = \frac{3}{26}\cdot\frac{3}{2}\cdot\frac{242}{5} = \frac{1089}{130}.$$

Como $130 < 1089 < 1300$, tem-se que $1 < \bar{y} < 10$. Portanto, como esperado, $\bar{y}$ está dentro da faixa de valores obtida no item b). □

Questão 3: A segunda lei de Kepler

Em um sistema $\mathcal{O}xy$ em que o Sol está na origem $\mathcal{O}$, indique por $P(t) = (x(t),y(t))$ a posição da Terra no tempo t, e por $x(t) = r(t)\cos(\theta(t))$ e $y(t) = r(t)\,\mathrm{sen}(\theta(t))$ as coordenadas polares de $P(t)$. Indique ainda por $A(\alpha)$ a área varrida pelo raio vetor da Terra entre os ângulos 0 e α, conforme figura. Como a gravidade é uma força central, pode-se mostrar que o momento angular é conservado, isto é, que $r^2(t)\theta'(t) = K$, onde $K \neq 0$ é uma constante.

a) Justifique a afirmação de que a função $\theta = \theta(t)$ tem inversa $t = t(\theta)$, e, portanto, o raio $r(t)$ pode ser expresso em função do ângulo θ, isto é, $r(t) = r(t(\theta)) = r(\theta)$.

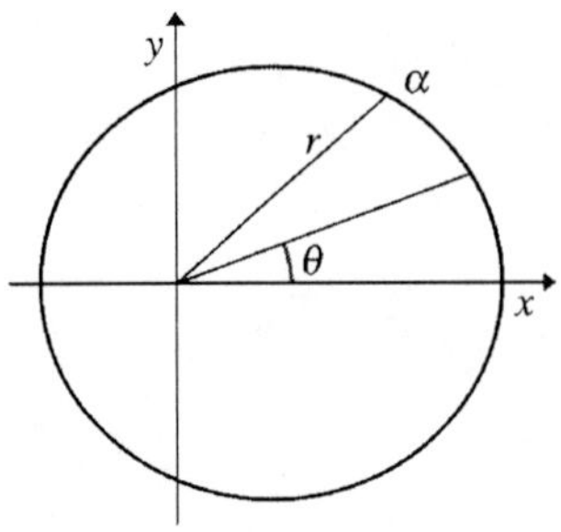

b) Usando as variáveis r e θ, obtenha a expressão da função $A(\alpha)$ em termos de uma integral no intervalo $[0,\alpha]$.

c) Supondo que $\alpha = \theta(t)$, obtenha a expressão da comporta $A(\alpha) = A(\theta(t))$.

d) A função $A(t) = A(\theta(t))$ fornece a área varrida pelo raio vetor em termos do tempo t. Calcule a derivada $A'(t)$ dessa função.

e) Usando o item anterior, conclua que $A(t)$ pode ser expressa apenas em termos dos dados fornecidos no enunciado. Em seguida, use essa expressão para demonstrar a 2ª Lei de Kepler: o raio vetor da Terra varre áreas iguais em tempos iguais.

Solução.

a) A função $\theta(t)$ é sobrejetora, uma vez que para cada ângulo relacionado à posição da Terra há um tempo t associado. Além disso, a conservação de momento angular, $r^2(t)\theta'(t) = K$, implica que $\theta'(t)$ é não nula e tem sempre o mesmo sinal. Por conta disso, dados t_1 e t_2 tal que $t_2 > t_1$, tem-se obrigatoriamente que $\theta(t_1) > \theta(t_2)$ ou $\theta(t_1) < \theta(t_2)$. Assim, $\theta(t)$ é também injetora. Portanto, existe a inversa $t = t(\theta)$.

b) Para uma variação pequena $\triangle\theta$ no ângulo, a área varrida é aproximadamente aquela de um setor circular com raio $r(\theta)$ e ângulo $\triangle\theta$, ou seja, $\triangle A = \frac{1}{2}r^2(\theta)\triangle\theta$. Veja a figura abaixo.

Assim, para encontrar $A(\alpha)$, basta somar todas essas pequenas contribuições para θ entre 0 e α, considerando variações infinitesimais no ângulo, chegando a

$$A(\alpha) = \int_0^{\alpha} \frac{r^2(\theta)}{2}\, d\theta.$$

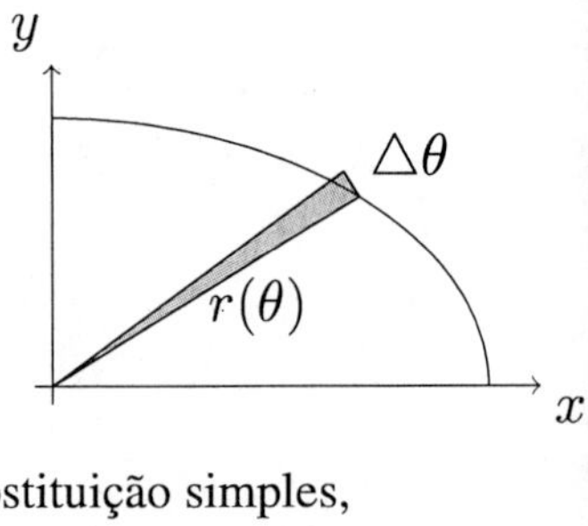

c) A expressão da composta $A(\theta(t))$ é obtida por substituição simples,

$$A(\theta(t)) = \int_0^{\theta(t)} \frac{r^2(\theta)}{2}\, d\theta.$$

d) Da regra da cadeia, segue-se que $A'(t) = \frac{d}{d\alpha}A(\alpha)\Big|_{\alpha=\theta(t)} \times \theta'(t)$. Uma consequência do teorema fundamental do cálculo é que a derivada dessa integral em relação ao índice superior é dada por

$$\frac{d}{d\alpha}A(\alpha) = \frac{r^2(\alpha)}{2},$$

resultado obtido avaliando o integrando em $\theta = \alpha$. Portanto, chega-se a

$$A'(t) = \frac{1}{2}r^2(\theta(t))\theta'(t) = \frac{1}{2}r^2(t)\theta'(t) = \frac{K}{2}.$$

e) Do item anterior, sabe-se que $A(t)$ tem derivada constante e, consequentemente, tem a forma $A(t) = \frac{1}{2}\int K\,dt = \frac{1}{2}Kt + C$, em que C é constante. Assim, a área varrida pelo raio vetor entre instantes t_1 e t_2, onde $t_2 > t_1$, é

$$A(t_2) - A(t_1) = \left(\frac{1}{2}Kt_2 + C\right) - \left(\frac{1}{2}Kt_1 + C\right) = \frac{1}{2}K(t_2 - t_1).$$

Ou seja, a área varrida depende apenas do tempo decorrido $(t_2 - t_1)$, como diz a segunda lei de Kepler. □

Questão 4: A profundidade média de um lago

Um modelo simplificado para estimar o volume de um lago é assumir que a sua superfície seja limitada pela elipse $\frac{x^2}{a^2} + \frac{y^2}{b^2} = 1$ e que a profundidade em cada ponto (x, y) da superfície seja dada pela função $p(x, y) = H\cos\left(\frac{\pi}{2}\sqrt{\frac{x^2}{a^2} + \frac{y^2}{b^2}}\right)$, em que H é a profundidade máxima. Uma vez estimado o volume, a profundidade média é a razão entre o volume e a área da superfície do lago.

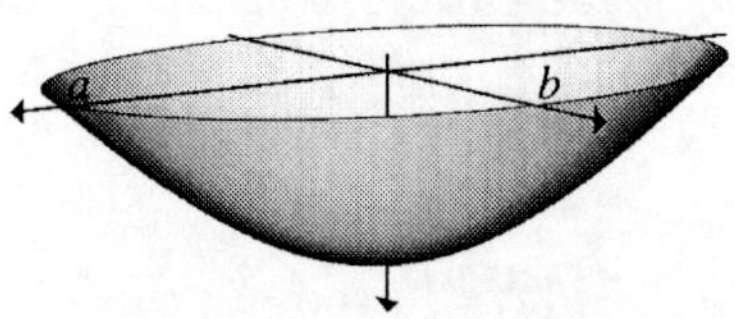

a) Expresse o volume V do lago por meio de uma integral dupla.

b) Use uma mudança de variáveis para transformar a integral do item anterior em uma integral sobre um disco de raio um.

c) Calcule o volume do lago usando o item b).

d) Calcule a área A da superfície do lago.

e) Verifique que a altura média do lago é independente das constantes a e b.

Solução.

a) O volume do lago é a soma dos volumes $dV = p(x,y)dxdy$ dos bloquinhos que o compõem, onde $p(x,y)$ é a altura do bloco no ponto (x,y) e $dxdy$ é a área da base. Ou seja,

$$V = \iint_D p(x,y)\,dxdy,$$

em que D é o domínio limitado pela elipse.

b) Para que D seja transformado em um disco unitário nas novas variáveis u e v, deve-se escolher $x(u,v)$ e $y(u,v)$ tais que a elipse se torne uma circunferência de raio um, descrita por $u^2+v^2=1$. Reescrever a equação da elipse como

$$\left(\frac{x(u,v)}{a}\right)^2 + \left(\frac{y(u,v)}{b}\right)^2 = 1$$

é claro que a mudança $g(u,v)$ correta é tal que $x(u,v)/a = u \Rightarrow x(u,v) = au$ e $y(u,v)/b = v \Rightarrow y(u,v) = bv$. O jacobiano dessa mudança é

$$J_g(u,v) = \det\begin{bmatrix} x_u(u,v) & y_u(u,v) \\ x_v(u,v) & y_v(u,v)\end{bmatrix} = \det\begin{bmatrix} a & 0 \\ 0 & b\end{bmatrix} = ab$$

Com isso, o volume é dado pela integral abaixo sobre o disco unitário $\hat{D}$:

$$V = \iint_{\hat{D}} p(g(u,v))|J_g(u,v)|\,dudv = \iint_{\hat{D}} H\cos\left(\frac{\pi}{2}\sqrt{u^2+v^2}\right) ab\,dudv.$$

c) Outra mudança, agora para coordenadas polares, é necessária para calcular V. Com $u(r,\theta) = r\cos(\theta)$ e $v(r,\theta) = r\,\mathrm{sen}(\theta)$, e sempre lembrando do jacobiano dado por r, segue-se que

$$\begin{aligned} V &= \int_0^{2\pi}\left(\int_0^1 H\cos\left(\frac{\pi}{2}r\right) abr\,dr\right) d\theta = 2ab\pi H \int_0^1 r\cos\left(\frac{\pi}{2}r\right) dr \\ &= 2ab\pi H\left[\left(\frac{r\sin\left(\frac{\pi}{2}r\right)}{\frac{\pi}{2}}\right)\Big|_0^1 - \int_0^1 \frac{\sin\left(\frac{\pi}{2}r\right)}{\frac{\pi}{2}}\,dr\right] \\ &= 2ab\pi H\left[\frac{2}{\pi} - \frac{2}{\pi}\left(-\frac{\cos\left(\frac{\pi}{2}r\right)}{\frac{\pi}{2}}\right)\Big|_0^1\right] = 4abH\left(1-\frac{2}{\pi}\right). \end{aligned}$$

onde, na primeira integral em r, foi usando integração por partes.

d) Como no caso do cálculo do volume, as duas mudanças também ajudam a obter A. De fato,

$$A = \iint_D dxdy = \iint_{\hat{D}} ab\,dudv = \int_0^{2\pi}\left(\int_0^1 abr\,dr\right)d\theta = 2ab\pi\int_0^1 r\,dr$$
$$= 2ab\pi\left(\frac{r^2}{2}\right)\Big|_0^1 = ab\pi,$$

que é o resultado já conhecido para a área de uma elipse.

e) Com base nos itens anteriores, a profundidade média $\bar{p}$ do lago é

$$\bar{p} = \frac{V}{A} = \frac{4H}{\pi}\left(1 - \frac{2}{\pi}\right).$$

Assim, $\bar{p}$ é menor que a altura máxima H e, como anunciado, é independente de a e b. □

8. Integrais triplas

Neste capítulo as questões trazem aplicações de integrais, como volume e centro de massa. O uso de coordenadas cilíndricas, que são uma extensão direta das coordenadas polares, para o cálculo de integrais triplas é amplamente ilustrado. As ferramentas abordadas aqui são utilizadas nas formulações integrais das equações de Maxwell, que descrevem fenômenos eletromagnéticos, e das equações de Navier-Stokes, que modelam o movimento de fluidos.

Questão 1: A massa de um sólido

Denote por $(\overline{x},\overline{y},\overline{z})$ o centro de massa do sólido Q, de densidade 1, limitado pelo paraboloide $z = x^2+y^2$, pelo cilindro $x^2+y^2 = 4x$ e pelo plano $z = 0$, conforme a figura. Se necessário, use que $\cos^4(t) = \frac{1}{8}(\cos(4t)+4\cos(2t)+3)$.

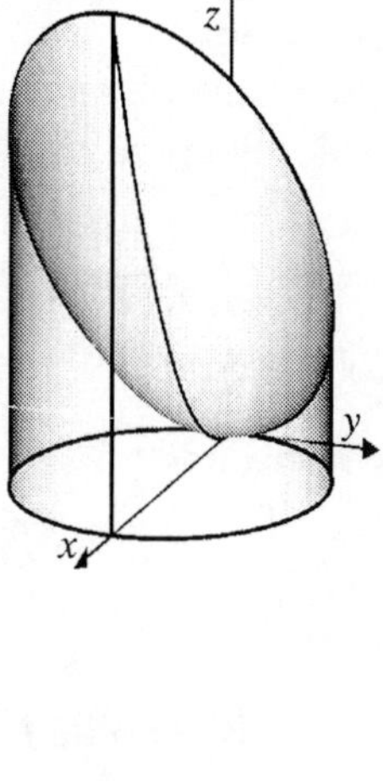

C E a) Em coordenadas cartesianas, tem-se que $Q = \{(x,y,z); x^2+y^2 \leq 4x \text{ e } 0 \leq z \leq x^2+y^2\}$.

C E b) Em coordenadas cilíndricas, o sólido corresponde à região $\widehat{Q} = \{(r,\theta,z);\ 0 \leq \theta \leq 2\pi,\ 0 \leq r \leq 4\cos(\theta) \text{ e } 0 \leq z \leq r^2\}$.

C E c) A massa de Q é maior do que 25π.

C E d) Tem-se necessariamente que $\overline{z} < 16$.

C E e) Tem-se necessariamente que $\overline{y} = 0$.

Solução.

C E a) É mais fácil interpretar o cilindro após completar quadrados. Com efeito, com as manipulações

$$x^2+y^2=4x \Rightarrow x^2-4x+y^2=0 \Rightarrow x^2-4x+4+y^2=4$$

o lado direito inclui o quadrado perfeito $x^2-4x+4=(x-2)^2$. Daí que a equação do cilindro escreve-se como $(x-2)^2+y^2=2^2$. Portanto, a base do cilindro é um círculo de raio 2 e centro em $(2,0)$.

Como o sólido é composto por pontos interiores ao cilindro, têm-se $(x-2)^2+y^2 \leq 2^2$. Simplificando essa inequação, chega-se à condição $x^2+y^2 \leq 4x$. Além disso, os pontos de interesse estão acima do plano $z=0$ e abaixo do paraboloide $z=x^2+y^2$. Assim,

$$Q=\{(x,y,z)\in\mathbb{R}^3; x^2+y^2\leq 4x \text{ e } 0\leq z\leq x^2+y^2\}$$

e, portanto, a afirmação do item está certa.

C E b) Em coordenadas polares, com $x=r\cos(\theta)$ e $y=r\operatorname{sen}(\theta)$, a inequação $x^2+y^2\leq 4x$ escreve-se como

$$\begin{aligned} x^2+y^2 &= r^2(\cos^2(\theta)+\operatorname{sen}^2(\theta)) \\ &= r^2 \leq 4r\cos(\theta) \\ &\Rightarrow r\leq 4\cos(\theta). \end{aligned}$$

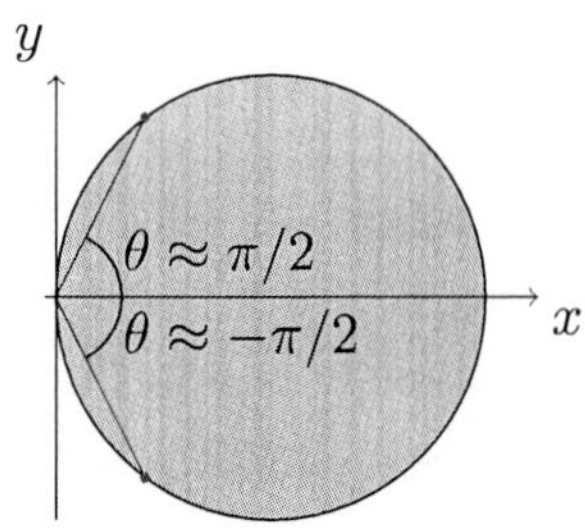

Agora basta determinar os intervalos para r e θ. Com base na figura acima, pode-se ver que θ varia entre $-\pi/2$ e $\pi/2$, enquanto que r varia entre 0 e $4\cos(\theta)$ para um determinado ângulo. Portanto,

$$\hat{Q}=\left\{(r,\theta,z)\in\mathbb{R}^3; -\frac{\pi}{2}\leq\theta\leq\frac{\pi}{2}, 0<r\leq 4\cos(\theta) \text{ e } 0\leq z\leq r^2\right\}$$

é a descrição correta de $\hat{Q}$. Com isso, a afirmação está errada.

C E c) Uma vez que a densidade do sólido é 1, a massa é dada por

$$M=\iiint_Q dxdydz=\iint_D\left(\int_0^{x^2+y^2} dz\right)dxdy=\iint_D (x^2+y^2)\,dxdy,$$

em que D é o disco descrito por $x^2+y^2\leq 4x$. Com base no item anterior, segue-se que

$$
\begin{aligned}
M &= \iint_{\hat{D}} r^2 r\, dr d\theta = \int_{-\frac{\pi}{2}}^{\frac{\pi}{2}} \left(\int_0^{4\cos(\theta)} r^3\, dr \right) d\theta \\
&= \frac{1}{4} \int_{-\frac{\pi}{2}}^{\frac{\pi}{2}} (4\cos(\theta))^4\, d\theta = 4^3 \int_{-\frac{\pi}{2}}^{\frac{\pi}{2}} \cos^4(\theta)\, d\theta \\
&= 8 \int_{-\frac{\pi}{2}}^{\frac{\pi}{2}} (\cos(4\theta) + 4\cos(2\theta) + 3)\, d\theta = 24 \int_{-\frac{\pi}{2}}^{\frac{\pi}{2}} d\theta = 24\pi.
\end{aligned}
$$

A expressão dada no enunciado foi usada na segunda linha da equação, e também foi usado o fato que as integrais de $\cos(4\theta)$ e $\cos(2\theta)$ são nulas, pois o intervalo de integração é múltiplo inteiro dos períodos dos cossenos. Como $M < 25\pi$, a afirmação do item está errada.

C E d) A coordenada $\bar{z}$ do centro de massa deve ser menor que o valor máximo assumido por z para pontos em Q. Com auxílio da figura do enunciado, sabe-se que esse máximo é atingido em $(x,y) = (4,0)$. Substituindo esses valores na expressão do paraboloide, obtêm-se $z_{max} = 4^2 + 0^2 = 16$. Assim, $\bar{z} < z_{max} = 16$ e a afirmação do item está certa.

C E e) Com base nas figuras do enunciado e do item b), pode-se ver que o sólido é simétrico em relação ao eixo $\mathcal{O}y$. Uma vez que o sólido também é homogêneo, com densidade constante, tem-se necessariamente que $\bar{y} = 0$ e a afirmação do item está certa. □

Questão 2: Força gravitacional

Considere o cilindro $Q = \{(x,y,z);\ x^2 + y^2 \leq 3^2 \quad \text{e } 0 \leq z \leq 4\}$, com densidade δ_0, e o problema de calcular a força gravitacional com que ele atrai uma partícula de massa m_0 situada no ponto $P_0 = (0,0,0)$. Denote por G a constante de gravitação e por $dF(P)$ a força com que a massa $dm = \delta_0\, dxdydz$ do ponto $P = (x,y,z)$ atrai a partícula. Por simetria, as componentes horizontais de $dF(x,y,z)$ e $dF(-x,-y,z)$ se cancelam, restando apenas as componentes verticais dessas forças.

a) Use as leis de gravitação para determinar $dF(P)$.

b) Use um argumento infinitesimal para obter a componente vertical F_v da força $F = (0,0,F_v)$ com que o cilindro atrai a partícula.

c) Calcule a integral $\displaystyle\int_0^4 \frac{z\,dz}{(r^2+z^2)^{3/2}}$.

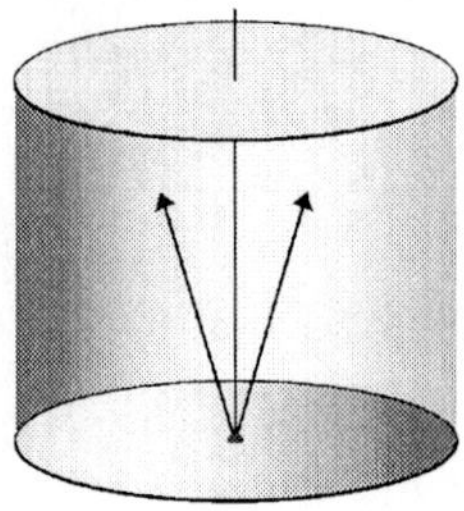

d) Calcule F_v usando os itens anteriores e coordenadas polares.

e) Seja $d > 0$ tal que $F_v = GMm_0/d^2$, onde $M = \pi 3^2 4\delta_0$ é a massa de Q. Verifique se d é menor, igual ou maior do que a distância entre a partícula e o centro de massa do cilindro.

Solução.

a) A magnitude da força $dF(P)$ é igual a G vezes o produto das massas m_0 e dm dividido por $\|P\|^2$, sendo dm a massa infinitesimal no ponto P e $\|P\|$ a distância entre a partícula na origem e o ponto P. Uma vez que $dF(P)$ é a força de atração sobre a partícula, sua direção e sentido são dados pelo vetor unitário $P/\|P\|$. Veja a figura acima. Assim, a força é

$$dF(P) = \frac{Gm_0 dm}{\|P\|^2}\frac{P}{\|P\|}.$$

b) Cada bloquinho de massa dm que compõe o cilindro atrai a partícula com força dF. Assim, a força resultante sobre a partícula é dada pela soma sobre todos os bloquinhos, que equivale à integral $F = \iiint_Q dF(P)\,dxdydz$. Logo, a coordenada F_v é integral da coordenada z de dF, ou seja,

$$F_v = \iiint_Q \frac{Gm_0\delta_0 z}{(x^2+y^2+z^2)^{3/2}}\,dxdydz.$$

c) Com a substituição de $u = r^2 + z^2$, em que $du = 2z$, obtêm-se que

$$\begin{aligned}\int_0^4 \frac{z}{(r^2+z^2)^{3/2}}\,dz &= \frac{1}{2}\int_{r^2}^{r^2+4} u^{-\frac{3}{2}}\,du \\ &= \frac{1}{2}\left(-\frac{u^{-\frac{1}{2}}}{\frac{1}{2}}\right)\Bigg|_{r^2}^{r^2+4} = \frac{1}{r} - \frac{1}{(r^2+4)^{1/2}}.\end{aligned}$$

Perceba que, com $r^2 = x^2 + y^2$, os integrandos deste e do item anterior são os mesmos.

d) Definindo D como o disco de raio 3, que é a base do cilindro, e utilizando o resultado do item anterior, F_v escreve-se como

$$F_v = \iint_D \left(\int_0^4 \frac{Gm_0\delta_0 z}{(x^2+y^2+z^2)^{3/2}} dz \right) dxdy$$

$$= \iint_D \left(\frac{Gm_0\delta_0}{(x^2+y^2)^{1/2}} - \frac{Gm_0\delta_0}{(x^2+y^2+4^2)^{1/2}} \right) dxdy.$$

Com $\hat{D}$ sendo a descrição de D em coordenadas polares, segue-se que

$$F_v = \iint_{\hat{D}} \left(\frac{Gm_0\delta_0}{r} - \frac{Gm_0\delta_0}{(r^2+4^2)^{1/2}} \right) r\,drd\theta$$

$$= \int_0^{2\pi} \left[\int_0^3 \left(Gm_0\delta_0 - \frac{Gm_0\delta_0 r}{(r^2+4^2)^{1/2}} \right) dr \right] d\theta$$

$$= 2\pi \left[3Gm_0\delta_0 - \int_0^3 \frac{Gm_0\delta_0 r}{(r^2+4^2)^{1/2}} dr \right]$$

Essa última integral pode ser calculada com a substituição $u = r^2 + 4^2$:

$$\int_0^3 \frac{Gm_0\delta_0 r}{(r^2+4^2)^{1/2}} dr = \frac{Gm_0\delta_0}{2} \int_{4^2}^{3^2+4^2} u^{-\frac{1}{2}} du = \frac{Gm_0\delta_0}{2} \left(\frac{u^{\frac{1}{2}}}{\frac{1}{2}} \right) \Bigg|_{4^2}^{3^2+4^2}$$

$$= Gm_0\delta_0(\sqrt{3^2+4^2} - \sqrt{4^2}) = Gm_0\delta_0.$$

Finalmente, substituindo esse valor na expressão de F_v obtêm-se que

$$F_v = 4\pi Gm_0\delta_0$$

e) Para encontrar d, basta rearranjar o resultado anterior da forma

$$F_v = 4\pi Gm_0\delta_0 = \frac{3^2}{3^2} 4\pi Gm_0\delta_0 = \frac{(\pi 3^2 4\delta_0)Gm_0}{3^2} = \frac{GMm_0}{3^2},$$

de onde obtêm-se $d = 3$. Como o cilindro é homogêneo, o centro de massa está em $(\bar{x}, \bar{y}, \bar{z}) = (0, 0, 2)$ e, portanto, a distância dele à partícula é 2. Com isso, d é maior que a distância da partícula ao centro de massa. Esse resultado se deve ao cancelamento das componentes horizontais da força. Apesar de os elementos infinitesimais de massa da parte inferior de Q atraírem a partícula com maior força, a componente vertical resultante é pequena em comparação àquela devido à parte superior. □

Questão 3: Criar o Monte Fuji deu trabalho!

Em estudos de formação das cordilheiras, é usual calcular o trabalho W necessário para formá-las supondo que toda a massa estivesse inicialmente no nível do solo. Esse cálculo pode ser feito para o Monte Fuji no Japão, que é aproximadamente um cone reto com base de raio $R = 2 \times 10^4$ m, altura de $H = 4 \times 10^3$ m e densidade média de $\delta_0 = 3 \times 10^3$ kg/m^3. Para o cálculo, basta lembrar que o trabalho realizado para se deslocar uma partícula de massa m do solo até uma altura h é mgh, onde g é a aceleração da gravidade em m/s^2.

a) Indicando por Q a região ocupada pelo Monte Fuji, obtenha a expressão do trabalho W em termos de uma integral tripla sobre Q, justificando a resposta.

b) Para ser usada adiante, obtenha a função f cujo gráfico é a lateral do cone de raio da base R, altura H, eixo ao longo de $\mathcal{O}z$ e vértice na origem.

c) Use a função f para descrever a região Q em coordenadas cartesianas.

d) Use o item anterior e coordenadas polares para calcular o trabalho W.

e) Decida se o número obtido acima, dado em joules, é menor ou maior do que 57 megatons $\approx 2,4 \times 10^{17}$ joules, que é a energia da maior bomba de hidrogênio já testada até hoje.

Solução.

a) Para um sistema de coordenadas em que a base do monte está no plano $\mathcal{O}xy$, o trabalho para deslocar um bloquinho de massa $dm = \delta_0\, dxdydz$ do solo até uma altura $h = z$ é $dW = gzdm = \delta_0 gz\, dxdydz$. Assim, o trabalho total W é a soma de todos os dW, o que corresponde à integral

$$W = \iiint_Q \delta_0 gz\, dxdydz.$$

b)

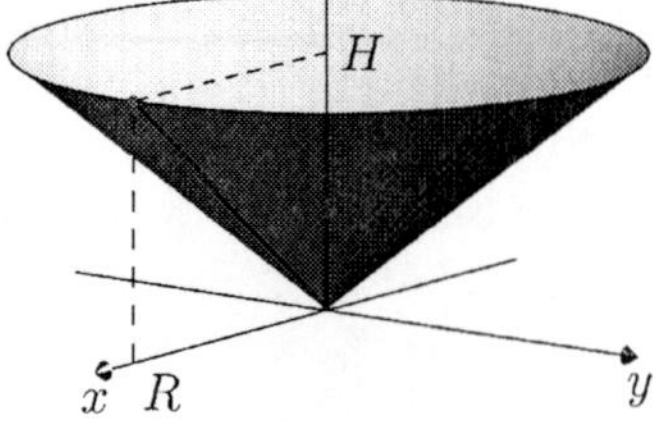

A figura ao lado ilustra o gráfico de f.

De acordo com a figura, a função $g(x) = f(x,0)$ tem expressão dada por $g(x) = \frac{H}{R}x$. Além disso, por se tratar de um gráfico de rotação, basta agora substituir x por $\sqrt{x^2+y^2}$ na expressão de g para se obter que $f(x,y) = \frac{H}{R}\sqrt{x^2+y^2}$.

c) O cone que limita Q por cima é $H - f(x,y) = \frac{H}{R}(R - \sqrt{x^2+y^2})$, em que o sinal negativo inverte o sentido em que o cone aponta e a soma de H desloca o cone para cima. Por outro lado, a base de Q é dada pelo disco $D = \{(x,y) \in \mathbb{R}^2;\ x^2+y^2 \leq R^2\}$. Com isso, a descrição do domínio é

$$Q = \{(x,y,z) \in \mathbb{R}^3;\ (x,y) \in D \text{ e } 0 \leq z \leq \frac{H}{R}(R - \sqrt{x^2+y^2})\}$$

d) Com base nas soluções dos itens a) e c), o trabalho é dado por

$$\begin{aligned} W &= \iint_D \left(\int_0^{\frac{H}{R}\left(R-\sqrt{x^2+y^2}\right)} \delta_0 g z\, dz \right) dxdy \\ &= \frac{\delta_0 g}{2} \iint_D \left(\frac{H}{R}(R - \sqrt{x^2+y^2}) \right)^2 dxdy. \end{aligned}$$

Indicando por $\hat{D}$ a descrição de D em coordenadas polares, pode-se calcular a integral acima como se segue:

$$\begin{aligned} W &= \frac{\delta_0 g}{2} \iint_{\hat{D}} \left(\frac{H}{R}(R-r) \right)^2 r\,dr\,d\theta = \frac{\delta_0 g H^2}{2R^2} \int_0^{2\pi} \left(\int_0^R (R-r)^2 r\,dr \right) d\theta \\ &= \frac{\pi \delta_0 g H^2}{R^2} \int_0^R (R^2 r - 2Rr^2 + r^3)\,dr = \frac{\pi \delta_0 g H^2}{R^2} \left(R^2 \frac{r^2}{2} - 2R\frac{r^3}{3} + \frac{r^4}{4} \right) \Bigg|_0^R \\ &= \frac{\pi \delta_0 g H^2}{R^2} \left(\frac{R^4}{2} - \frac{2R^4}{3} + \frac{R^4}{4} \right) = \frac{\pi \delta_0 g H^2 R^2}{12}. \end{aligned}$$

Portanto, o trabalho total é $W = \frac{1}{12}\pi\delta_0 g H^2 R^2$.

e) Com os valores de δ_0, H e R a expressão do trabalho é

$$W = \frac{\pi g}{12} \times (3 \times 10^3) \times (4 \times 10^3)^2 \times (2 \times 10^4)^2 = 16\pi g \times 10^{17} \text{ J}.$$

Do resultado acima, é claro que $W > 2,4 \times 10^{17}$. De fato, o trabalho W é cerca de 200 vezes maior que a energia da bomba citada. □

Questão 4: Cadê o cilindro que estava aqui?

1) Suponha que, do hemisfério sólido $x^2+y^2+z^2 \leq R_2^2$ e $z \geq 0$, seja retirado o cilindro sólido $x^2+y^2 \leq R_1^2$, onde $0 \leq R_1 \leq R_2$, conforme figura. Seja Q o sólido resultante com densidade δ_0.

a) Obtenha a altura H de Q em termos dos raios R_1 e R_2.

b) Descreva Q em coordenadas cartesianas.

c) Calcule a massa M de Q usando o item anterior e coordenadas polares.

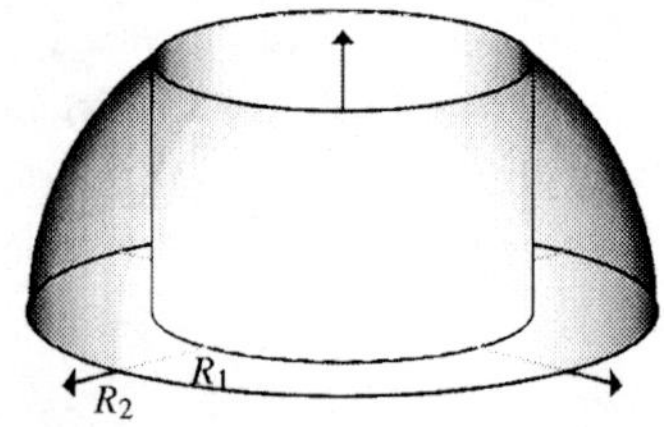

d) Verifique que M pode ser expresso apenas em termos da altura H.

e) Calcule a coordenada $\bar{z}$ do centro de massa de Q, e verifique que também $\bar{z}$ pode ser expresso apenas em termos de H.

Solução.

a) A figura abaixo mostra um corte de Q pelo plano $\mathcal{O}xz$, através do qual pode-se ver que os segmentos R_1, R_2 e H formam um triângulo retângulo. Assim, têm-se que $R_1^2 + H^2 = R_2^2 \Rightarrow H^2 = R_2^2 - R_1^2 \Rightarrow H = \sqrt{R_2^2 - R_1^2}$.

b) 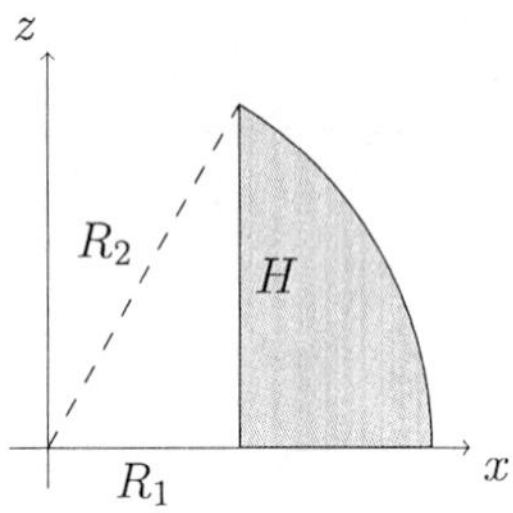

Da equação do hemisfério que compõe Q, o limite superior para z é $z \leq \sqrt{R_2^2 - x^2 - y^2}$.

Por outro lado, x e y estão na região entre os discos de raios R_1 e R_2, que é descrita como $D = \{(x,y) \in \mathbb{R}^2; R_1^2 \leq x^2 + y^2 \leq R_2^2\}$. Portanto, a descrição de Q em coordenadas cartesianas é

$$Q = \left\{(x,y,z) \in \mathbb{R}^3;\ (x,y) \in D \text{ e } 0 \leq z \leq \sqrt{R_2^2 - x^2 - y^2}\right\}.$$

c) Calculando primeiro a integral na variável z obtêm-se

$$\begin{aligned} M &= \iiint_Q \delta_0 \, dxdydz = \iint_D \left(\int_0^{\sqrt{R_2^2 - x^2 - y^2}} \delta_0 \, dz \right) dxdy \\ &= \delta_0 \iint_D \sqrt{R_2^2 - x^2 - y^2} \, dxdy. \end{aligned}$$

Indicando por $\hat{D}$ a descrição de D em coordenadas polares, segue-se que

$$\begin{aligned} M &= \delta_0 \iint_{\hat{D}} \sqrt{R_2^2 - r^2} \, r \, dr d\theta = \delta_0 \int_0^{2\pi} \left(\int_{R_1}^{R_2} \sqrt{R_2^2 - r^2} \, r \, dr \right) d\theta \\ &= 2\pi\delta_0 \int_{R_1}^{R_2} \sqrt{R_2^2 - r^2} \, r \, dr = \pi\delta_0 \int_0^{R_2^2 - R_1^2} u^{\frac{1}{2}} \, du \end{aligned}$$

$$= \pi\delta_0 \left(\frac{u^{\frac{3}{2}}}{\frac{3}{2}} \right) \Big|_0^{R_2^2 - R_1^2} = \frac{2}{3}\pi\delta_0 (R_2^2 - R_1^2)^{\frac{3}{2}}.$$

Para o cálculo da integral em r, empregou-se a substituição $u = R_2^2 - r^2$.

d) Uma vez que $H = (R_2^2 - R_1^2)^{\frac{1}{2}}$, como visto no item a), o resultado obtido acima pode ser reescrito como $M = \frac{2}{3}\pi\delta_0 H^3$. Assim, pode-se expressar M apenas em termos de H.

e) A coordenada $\bar{z}$ do centro de massa é dada por

$$\bar{z} = \frac{1}{M} \iiint_Q z\delta_0 \, dxdydz = \frac{1}{M} \iint_D \left(\int_0^{\sqrt{R_2^2 - x^2 - y^2}} z\delta_0 \, dz \right) dxdy$$
$$= \frac{\delta_0}{2M} \iint_D (R_2^2 - x^2 - y^2) \, dxdy.$$

Em coordenadas polares, têm-se

$$\bar{z} = \frac{\delta_0}{2M} \iint_{\hat{D}} (R_2^2 - r^2) r \, dr d\theta = \frac{\delta_0}{2M} \int_0^{2\pi} \left(\int_{R_1}^{R_2} (R_2^2 r - r^3) \, dr \right) d\theta$$
$$= \frac{\pi\delta_0}{M} \left(R_2^2 \frac{r^2}{2} - \frac{r^4}{4} \right) \Big|_{R_1}^{R_2} = \frac{\pi\delta_0}{M} \left(\frac{R_2^4}{2} - \frac{R_2^4}{4} - \frac{R_1^2 R_2^2}{2} + \frac{R_1^4}{4} \right)$$
$$= \frac{\pi\delta_0}{4M} \left(R_2^4 - 2R_2^2 R_1^2 + R_1^4 \right) = \frac{\pi\delta_0}{4M} (R_2^2 - R_1^2)^2.$$

Usando o resultado do item d) e, novamente, que $H = (R_2^2 - R_1^2)^{\frac{1}{2}}$, têm-se que $\bar{z} = \frac{1}{4M}\pi\delta_0 H^4 = \frac{3}{8}H$. Como esperado, a coordenada $\bar{z}$ depende apenas de H. □

9. Mudança de variáveis em 3D

As questões deste capítulo ilustram o cálculo de integrais triplas através de diferentes mudanças de coordenadas. Como para o caso de duas dimensões, mudanças de coordenadas expandem enormemente o contexto de aplicações das integrais triplas. Os capítulos seguintes trazem relações entre integrais triplas e outro tipos de integrais. Uma situação em que integrais triplas aparecem na física é o cálculo de valores médios de quantidades em mecânica quântica, onde o comportamento de partículas é descrito de forma probabilística.

Questão 1: Volume de areia em uma ampulheta

Considere a ampulheta dada pela rotação da função $y(z) = \cos(z) + 1 + h$ em torno do eixo $\mathcal{O}z$, com $0 \leq z \leq 2\pi$ e $h > 0$, de modo que a areia passa do compartimento superior para o inferior através de um orifício de raio h. Suponha que a areia ocupe todo o compartimento superior no instante $t = 0$, e que o volume de areia que passa pelo orifício até o instante $t > 0$ seja igual a $\pi^2 t h^2$. Indique por $T = T(h)$ o tempo que a areia leva para passar de um compartimento para o outro, e por (r, θ, z) as coordenadas cilíndricas da ampulheta. Julgue os itens a seguir.

C | E a) A coordenada r está em um intervalo que depende apenas de z.

C | E b) Em coordenadas cilíndricas, a ampulheta corresponde a um sólido de base quadrada.

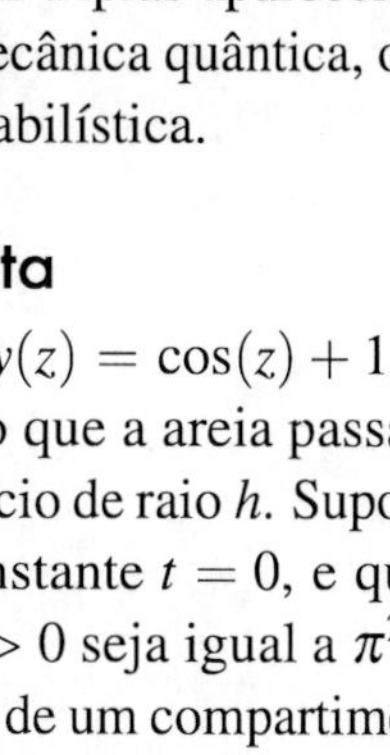

C | E c) Em termos de h, o volume da areia é igual a $\pi^2(9/2 + 4h + h^2)$.

C | E d) $T(1)$ é maior do que 4.

C | E e) Se $T(h) = 3$, então $h > 2$.

Solução.

C E a) Uma vez que a parede da ampulheta é dada pela rotação da função $y(z) = \cos(z) + 1 + h$ em torno do eixo $\mathcal{O}z$, as seções transversais a esse eixo são círculos com diferentes raios e paralelos ao plano $\mathcal{O}xy$. Assim, para um dado z, o raio do círculo é $y(z)$ e a coordenada r é tal que $0 < r \leq \cos(z) + 1 + h$. Portanto, a afirmação do item está certa.

C E b) Com base no item anterior e na figura do enunciado, a descrição da ampulheta em coordenadas cilíndricas é

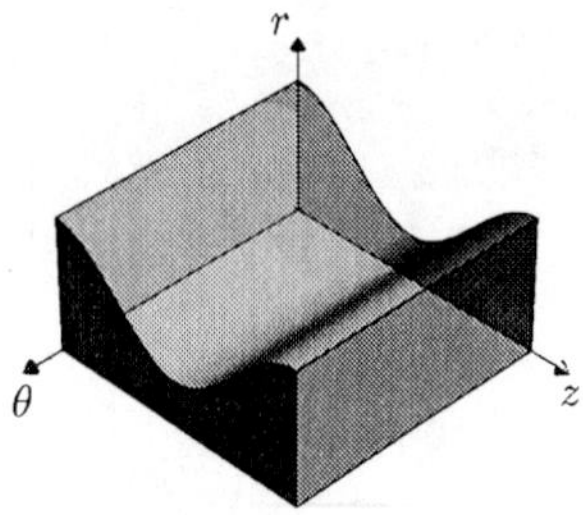

$$\hat{Q} = \{(r, \theta, z) \in \mathbb{R}^3;\ 0 < \theta < 2\pi,\ 0 \leq z \leq 2\pi \text{ e } 0 < r \leq \cos(z) + 1 + h\}$$

Como θ e z variam no mesmo intervalo, a base no plano $\mathcal{O}\theta z$ do sólido em questão é um quadrado de lados com comprimento 2π, como ilustra a figura ao lado. Portanto, a afirmação do item está certa.

C **E** c) Sem esquecer do jacobiano, o volume de areia V, que é metade do volume total da ampulheta, pode ser escrito como

$$\begin{aligned} V &= \frac{1}{2}\iiint_{\hat{Q}} r\,dr\,d\theta\,dz = \frac{1}{2}\int_0^{2\pi}\int_0^{2\pi}\left(\int_0^{\cos(z)+1+h} r\,dr\right)d\theta\,dz \\ &= \pi\int_0^{2\pi}\left(\frac{r^2}{2}\right)\Big|_0^{\cos(z)+1+h} dz = \frac{\pi}{2}\int_0^{2\pi}(\cos(z)+1+h)^2\,dz. \end{aligned}$$

Usando que $\cos^2(z) = \frac{1}{2}(\cos(2z)+1)$, o integrando na última expressão pode ser expandido em $(\cos(z)+1+h)^2 = \cos^2(z) + (1+h)\cos(z) + (1+h)^2 = \frac{1}{2}\cos(2z) + (1+h)\cos(z) + (1+h)^2 + \frac{1}{2}$. Como os períodos de $\cos(z)$ e $\cos(2z)$ são múltimplos de 2π, as integrais envolvendo esses termos são nulas. Assim, o volume é

$$\begin{aligned} V &= \frac{\pi}{2}\int_0^{2\pi}\left((1+h)^2 + \frac{1}{2}\right)dz \\ &= \pi^2\left((1+h)^2 + \frac{1}{2}\right) = \pi^2\left(h^2 + 2h + \frac{3}{2}\right) \end{aligned}$$

expressão que é diferente daquela apresentada no item. Portanto, a afirmação do item está errada.

C E d) Dado que $\pi^2 th^2$ é o volume de areia que que passa pelo orifício até o instante t, a função $T(h)$ é tal que $\pi^2 T(h)h^2 = V$, em que V é o volume total de areia encontrado no item anterior. Portanto, para $h = 1$, têm-se que $\pi^2 T(1) = \pi^2(1+2+3/2) = \frac{9}{2}\pi^2$ $\Rightarrow T(1) = 9/2 > 4$. Assim, a afirmação do item está certa.

C E e) De forma semelhante ao item anterior, se $T(h) = 3$, deve-se ter

$$V = 3\pi^2 h^2 \Rightarrow \pi^2\left(h^2 + 2h + \frac{3}{2}\right) = 3\pi^2 h^2 \Rightarrow 2h^2 - 2h - \frac{3}{2} = 0.$$

Resolvendo a equação acima, a única solução positiva é $h = 3/2 < 2$. Assim, a afirmação do item está errada. □

Questão 2: Acúmulo de água em uma antena

Considere uma antena parabólica com 2 m de raio e 2 m de altura, cuja forma é a de rotação de uma parábola em torno do eixo $\mathcal{O}z$, conforme ilustra a figura a seguir. Suponha que a antena esteja inclinada em 45°, de modo que a vertical fique representada pelo vetor $N = (0, -1, 1)$. Nesse caso, a antena pode acumular água da chuva, e indique por Q a maior região que pode ser ocupada pela água.

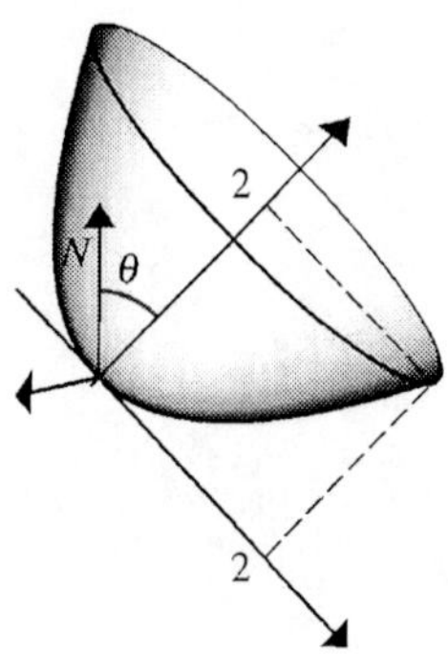

a) Determine o domínio e a função $f\colon D \to \mathbb{R}$ de modo que a antena possa ser descrita como o gráfico de f.

b) Determine a equação do plano que é ortogonal a N e que passa pelo ponto $(0,2,2)$.

c) Descreva Q em coordenadas cartesianas.

d) Descreva Q em coordenadas cilíndricas.

e) Calcule o volume de Q.

Solução.

a) A função $f(x,y)$ pode ser descrita como a rotação de uma outra função $g(x)$ em torno do eixo $\mathcal{O}z$, como ilustra a figura do enunciado. Sabe-se que $g(x) = ax^2$ e que $g(2) = 2$, implicando em $a = 1/2$ e $g(x) = \frac{1}{2}x^2$. Para obter f, basta substituir $\sqrt{x^2+y^2}$ no lugar de x, ou seja, $f(x,y) = g(\sqrt{x^2+y^2}) = \frac{1}{2}(x^2+y^2)$. Assim, a antena é representada pelo gráfico de f. Nesse caso, o domínio D é o disco no plano $\mathcal{O}xy$ com raio 2 e centro na origem.

b) O ponto $P = (x,y,z)$ pertence ao plano se o vetor $P - P_0$, com $P_0 = (0,2,2)$, for paralelo ao plano. Essa condição equivale a dizer que $P - P_0$ é ortogonal a N, ou seja, que

$$0 = \langle P - P_0, N\rangle = \langle (x, y-2, z-2), (0,-1,1)\rangle = -(y-2) + (z-2).$$

Simplificando a expressão acima, chega-se à equação $z = y$ para o plano.

c) Note que o plano descrito no item anterior limita a maior região da antena que pode ser ocupada por água, pois ele é paralelo ao solo e passa pelo ponto da borda da antena. Caso mais água entrasse na antena, o volume excedente escorreria pela borda. A figura abaixo mostra que o plano $z = y$ e a função $f(x,y)$ limitam Q por cima e por baixo, respectivamente. A interseção entre eles, destacada na figura, é tal que

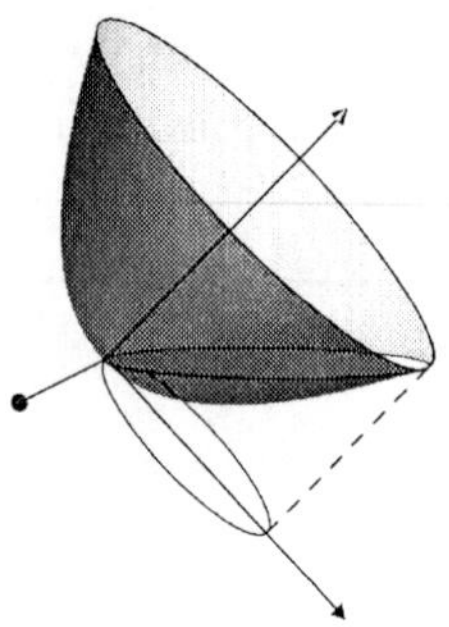

$$y = f(x,y) = \frac{1}{2}(x^2+y^2) \Rightarrow x^2+y^2 = 2y$$

$$\Rightarrow x^2 + (y-1)^2 = 1.$$

Novamente com base na figura, as coordenadas x e y dos pontos que pertencem a Q são limitadas pelo círculo acima, ou seja, deve-se ter $x^2 + (y-1)^2 \leq 1$ ou $x^2 + y^2 \leq 2y$. Com isso, a descrição de Q é

$$Q = \left\{ (x,y,z) \in \mathbb{R}^3; x^2+y^2 \leq 2y \text{ e } \frac{1}{2}(x^2+y^2) \leq z \leq y \right\}.$$

d) O primeiro passo para descrever Q em coordenadas cilíndricas é descrever o disco $x^2 + y^2 \leq 2y$ em coordenadas polares. Com base na figura acima, o ângulo θ está entre 0 e π, enquanto o raio r varia de 0 até encontrar a circunferência, que é dada por $r^2 = 2r\,\text{sen}(\theta) \Rightarrow r = 2\,\text{sen}(\theta)$. Portanto,

$$\hat{Q} = \left\{ (r,\theta,z) \in \mathbb{R}^3; 0 < \theta \leq \pi, 0 < r \leq 2\,\text{sen}(\theta) \text{ e } \frac{1}{2}r^2 \leq z \leq r\,\text{sen}(\theta) \right\}.$$

e) Com base no item anterior, o volume de Q é dado por

$$V = \iiint_Q dx\,dy\,dz = \iiint_{\hat{Q}} r\,dr\,d\theta\,dz = \int_0^{\pi} \int_0^{2\,\text{sen}(\theta)} \left(\int_{r^2/2}^{r\,\text{sen}(\theta)} r\,dz \right) dr\,d\theta$$

Calculando obtém-se que

$$\begin{aligned} V &= \int_0^{\pi}\int_0^{2\,\mathrm{sen}(\theta)} \left(r\,\mathrm{sen}(\theta) - \frac{1}{2}r^2 \right) r\,dr\,d\theta \\ &= \int_0^{\pi} \left(\frac{r^3}{3}\,\mathrm{sen}(\theta) - \frac{1}{8}r^4 \right)\Big|_0^{2\,\mathrm{sen}(\theta)} d\theta \\ &= \int_0^{\pi} \left(\frac{8}{3}\,\mathrm{sen}^4(\theta) - 2\,\mathrm{sen}^4(\theta) \right) d\theta = \frac{2}{3}\int_0^{\pi} \mathrm{sen}^4(\theta)\,d\theta. \end{aligned}$$

Usando que $\mathrm{sen}^2(\theta) = \frac{1}{2}(\cos(2\theta) - 1)$ e que $\cos^2(2\theta) = \frac{1}{2}(\cos(4\theta) + 1)$, pode-se reescrever o integrando da última expressão como a soma $\mathrm{sen}^4(\theta) = \frac{1}{8}(\cos(4\theta) - 4\cos(2\theta) + 3)$. Uma vez que o comprimento do intervalo $(0,\pi)$ é múltiplo dos períodos de $\cos(4\theta)$ e $\cos(2\theta)$, as integrais desses termos são nulas e o volume é

$$V = \frac{1}{12}\int_0^{\pi} (\cos(4\theta) - 4\cos(2\theta) + 3)\,d\theta = \frac{1}{4}\int_0^{\pi} d\theta = \frac{1}{4}\pi. \qquad \square$$

Questão 3: Onde a massa da atmosfera se concentra

A atmosfera alcança cerca de 100×10^3 m e tem massa aproximada de $5,1 \times 10^{18}$ kg. Suponha a Terra esférica de raio R m e denote por Q a região da atmosfera situada entre o nível do solo e um altura de h_0 m. Suponha ainda que a densidade nessa região, em kg/m^3 e na altura de h m, possa ser aproximada pela função $\delta(h) = a - b(R + h)$, em que a e b são constantes apropriadas.

a) Obtenha a expressão da região Q em coordenadas cartesianas.

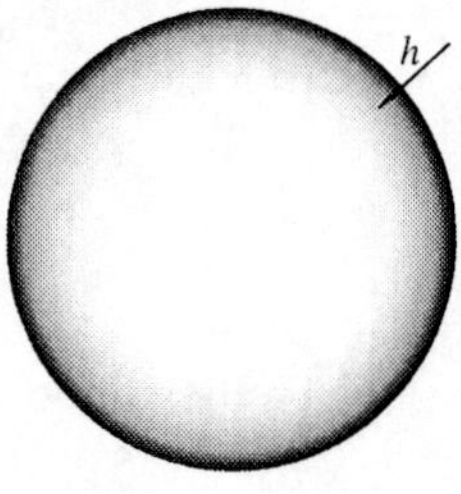

b) Obtenha a expressão da região Q em coordenadas esféricas.

c) Calcule a massa M de Q em termos das constantes a, b, R e h_0.

d) Suponha agora $R = 6.370 \times 10^3$ e $h_0 = 3 \times 10^3$. Então as constantes $a = 619,09$ e $b = 9,7 \times 10^{-5}$ fornecem um bom modelo para a densidade. Verificar que, neste caso, M é maior do que $1,5 \times 10^{18}$.

e) Nas condições acima verifique que, apesar de a altura de Q ser de 3% da altura total, essa região concentra mais de 30% da massa da atmosfera.

Solução.

a) A região Q é o espaço entre duas esferas, uma de raio R e outra de raio $R+h_0$. Então, a distância de um ponto $(x,y,z) \in Q$ à origem é maior que R e menor que $R+h_0$. Portanto,

$$Q = \{(x,y,z) \in \mathbb{R}^3; R^2 \leq x^2+y^2+z^2 \leq (R+h_0)^2\}.$$

b) Com o mesmo raciocínio, a coordenada ρ deve estar entre R e $R+h_0$, enquanto que os ângulos θ e ϕ estão em seus intervalos usuais. Ou seja,

$$\hat{Q} = \{(\rho,\theta,\phi) \in \mathbb{R}^3; 0 < \theta < 2\pi, 0 < \phi < \pi \text{ e } R \leq \rho \leq R+h_0\}.$$

c) Como $R+h$ é a distância ao centro da terra, tem-se que $\delta(\rho) = a - b\rho$ e

$$\begin{aligned} M &= \iiint_Q \delta(x,y,z)\,dxdydz = \iiint_{\hat{Q}} \delta(\rho)\rho^2 \operatorname{sen}(\phi)\,d\rho d\theta d\phi \\ &= \int_0^{\pi}\int_0^{2\pi}\left(\int_R^{R+h_0}(a-b\rho)\rho^2\operatorname{sen}(\phi)\,d\rho\right)d\theta d\phi. \end{aligned}$$

Nesse caso, as integrais iteradas podem ser calculadas separadamente:

$$\begin{aligned} M &= \left(\int_0^{\pi}\operatorname{sen}(\phi)\,d\phi\right)\left(\int_0^{2\pi}d\theta\right)\left(\int_R^{R+h_0}(a-b\rho)\rho^2\,d\rho\right) \\ &= 4\pi\left(\frac{a}{3}\rho^3 - \frac{b}{4}\rho^4\right)\Bigg|_R^{R+h_0} \\ &= 4\pi\left(\frac{a}{3}((R+h_0)^3 - R^3) - \frac{b}{4}((R+h_0)^4 - R^4)\right). \end{aligned}$$

d) Substituindo os valores dados na expressão encontrada acima resulta que $M \approx 1,6 \times 10^{18}$ kg $> 1,5 \times 10^{18}$ kg.

e) Como a massa da atmosfera é $5,1 \times 10^{18}$, a região Q possui cerca de

$$\frac{1,6 \times 10^{18}}{5,1 \times 10^{18}} \approx 31\%$$

da massa total. Ora! Esse resultado faz sentido, uma vez que a densidade da atmosfera diminui com a altura. □

Questão 4: Energia potencial elétrica de uma bola

O campo elétrico $E(P)$ gerado por uma bola uniforme de raio R com carga total q é dado por $E(P) = \dfrac{q}{4\pi\varepsilon_0 R^3} P$ se $\|P\| \leq R$ e por $E(P) = \dfrac{q}{4\pi\varepsilon_0 \|P\|^3} P$ se $\|P\| > R$, onde $P = (x,y,z)$ é um ponto genérico de $\mathbb{R}^3$. A energia potencial U correspondente a esse campo, que é o trabalho requerido para agrupar as cargas, pode ser calculada por meio da integral

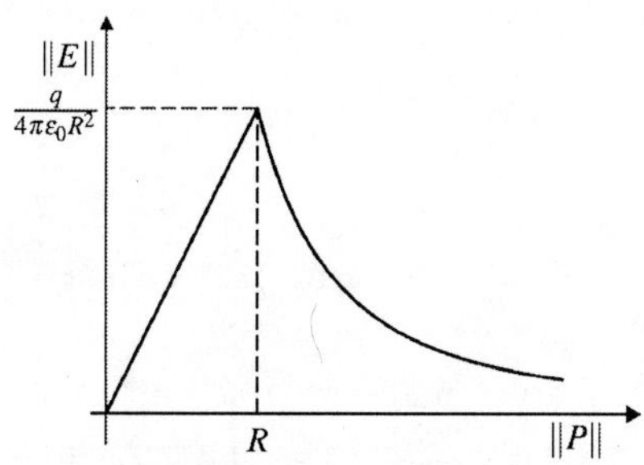

$$U = \frac{\varepsilon_0}{2} \iiint_{\mathbb{R}^3} \|E(x,y,z)\|^2 \, dxdydz$$

a) Encontre a expressão de $\|E(P)\|^2$ nos casos em que $\|P\| \leq R$ e $\|P\| > R$.

b) Expresse o resultado acima em coordenadas esféricas.

c) Calcule $\frac{\varepsilon_0}{2} \iiint_{B_R} \|E(x,y,z)\|^2 \, dxdydz$, onde B_R é a bola de raio R.

d) Calcule $\frac{\varepsilon_0}{2} \iiint_{Q_a} \|E(x,y,z)\|^2 \, dxdydz$ onde $Q_a = \{P \in \mathbb{R}^3;\ R < \|P\| < a\}$. Em seguida, passando o limite com $a \to \infty$, calcule a energia total U.

e) A energia de um sistema de duas cargas de magnitude $q/2$ separadas por uma distância d é $q^2/16\pi\varepsilon_0 d$. Determine d para que a energia deste sistema seja igual à energia U.

Solução.

a) No interior da bola, onde $\|P\| \leq R$, o módulo do campo elétrico é $\|E\| = \frac{q}{4\pi\varepsilon_0 R^3} \|P\|$, dado que a fração à frente de P é positiva. De forma análoga, o campo elétrico fora da bola, onde $\|P\| > R$, é $\|E\| = \frac{q}{4\pi\varepsilon_0 \|P\|^3} \|P\| = \frac{q}{4\pi\varepsilon_0 \|P\|^2}$. Como indica a figura do enunciado, a intensidade do campo dentro da bola cresce linearmente com a distância à origem, enquanto que fora da bola a mesma decresce com o quadrado da distância. Portanto, a intensidade ao quadrado é

$$\|E\|^2 = \left(\frac{q}{4\pi\varepsilon_0} \right)^2 \frac{\|P\|^2}{R^6} \quad \text{se } \|P\| \leq R$$

$$\|E\|^2 = \left(\frac{q}{4\pi\varepsilon_0} \right)^2 \frac{1}{\|P\|^4} \quad \text{se } \|P\| > R.$$

b) Como visto no item anterior, o módulo do campo depende apenas da distância para origem, que é a coordenada ρ das coordenadas esféricas. Portanto, basta substituir $\|P\|$ por ρ nas expressões acima, ou seja,

$$\|E\|^2 = \left(\frac{q}{4\pi\varepsilon_0}\right)^2 \frac{\rho^2}{R^6} \text{ se } \rho \leq R \quad \text{e} \quad \|E\|^2 = \left(\frac{q}{4\pi\varepsilon_0}\right)^2 \frac{1}{\rho^4} \text{ se } \rho > R.$$

c) Em coordenadas esféricas, a bola é $B_R = \{(\rho,\theta,\phi) \in \mathbb{R}^3, 0 < \theta < 2\pi, 0 < \phi < \pi \text{ e } 0 < \rho \leq R\}$. Portanto, a integral pode ser reescrita como

$$\frac{\varepsilon_0}{2}\iiint_{B_R} \|E(P)\|^2 dxdydz = \frac{\varepsilon_0}{2}\iiint_{B_R} \|E(\rho)\|^2 \rho^2 \operatorname{sen}(\phi)\, d\rho d\theta d\phi$$

$$= \frac{\varepsilon_0}{2}\int_0^{\pi}\int_0^{2\pi}\left(\int_0^R \|E(\rho)\|^2 \rho^2 \operatorname{sen}(\phi)\, d\rho\right) d\theta d\phi.$$

Nesse caso, as integrais iteradas podem ser calculadas separadamente. O resultado da integração em θ e ϕ é 4π, restando apenas calcular a integral em ρ. Assim, segue-se que

$$\frac{\varepsilon_0}{2}\iiint_{B_R} \|E(P)\|^2 dxdydz = \frac{4\pi\varepsilon_0}{2}\int_0^R \|E(\rho)\|^2 \rho^2 d\rho = \frac{q^2}{8\pi\varepsilon_0 R^6}\int_0^R \rho^4 d\rho$$

$$= \frac{q^2}{8\pi\varepsilon_0 R^6}\left(\frac{R^5}{5}\right) = \frac{1}{10}\left(\frac{q^2}{4\pi\varepsilon_0 R}\right).$$

d) A integral sobre Q_a é muito semelhante à vista no item anterior, mudando apenas que a integração sobre ρ vai de R a a. Com esse atalho, têm-se

$$\frac{\varepsilon_0}{2}\iiint_{Q_a} \|E(P)\|^2 dxdydz = \frac{4\pi\varepsilon_0}{2}\int_R^a \|E(\rho)\|^2 \rho^2 d\rho$$

$$= \frac{q^2}{8\pi\varepsilon_0}\int_R^a \rho^{-2} d\rho = \frac{q^2}{8\pi\varepsilon_0}\left(\frac{1}{R} - \frac{1}{a}\right).$$

A energia potencial U é o limite da soma das duas integrais calculadas acima quando $a \to \infty$. Ou seja, a primeira integral é a contribuição do campo interno à bola e a segunda integral é a contribuição do campo externo. No limite, o termo $1/a \to 0$, e a energia potencial é

$$U = \frac{1}{10}\left(\frac{q^2}{4\pi\varepsilon_0 R}\right) + \frac{1}{2}\left(\frac{q^2}{4\pi\varepsilon_0 R}\right) = \frac{3}{5}\left(\frac{q^2}{4\pi\varepsilon_0 R}\right).$$

Note que a parcela devida ao campo externo é cinco vezes maior que aquela devida ao campo interno.

e) Para obter d, basta igualar as duas expressões e resolver para d. De fato,

$$\frac{3}{5}\left(\frac{q^2}{4\pi\varepsilon_0 R}\right) = \frac{12}{5}\left(\frac{q^2}{16\pi\varepsilon_0 R}\right)$$

$$= \frac{q^2}{16\pi\varepsilon_0\left(\frac{5}{12}R\right)} = \frac{q^2}{16\pi\varepsilon_0 d}$$

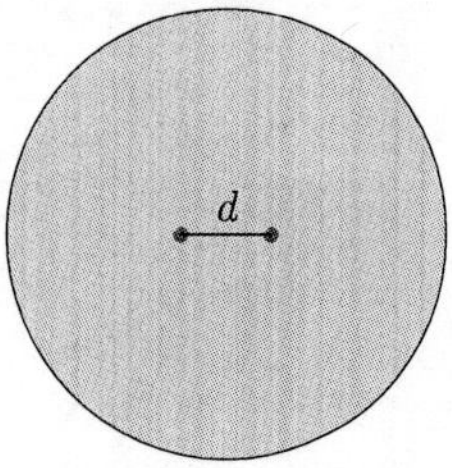

implica que $d = \frac{5}{12}R$. A figura ao lado compara os tamanhos para as duas situações. □

III Green, Gauss, Stokes

10. Integrais de linha

Este capítulo traz questões com exemplos de uso das integrais de linha, como o cálculo de comprimentos e de forças. Integrais de linha são protagonistas dos próximos capítulos, onde elas aparecem em diversas relações com outros tipos de integrais. Esse não é o único motivo pelo qual as integrais de linha tem destaque na física. Dentre suas aplicações está o cálculo da diferença de potencial entre dois pontos para um dado campo elétrico.

Questão 1: Força magnética exercida em uma espira

A figura a seguir ilustra uma espira retangular no plano $\mathcal{O}yz$, de lados a e b e com um de seus vértices no ponto $(0, y_0, 0)$, na qual circula uma corrente I_2 no sentido horário. Nesse caso, o campo magnético $B(x,y,z) = \frac{\mu_0 I_1}{2\pi}\left(\frac{-y}{x^2+y^2}, \frac{x}{x^2+y^2}, 0\right)$ exerce uma força $F_i = I_2 \int_{C_i} T_i \times B\,ds$ em cada um dos lados C_i da espira, $i = 1,2,3,4$, em que T_i é o vetor unitário tangente a C_i com a orientação dada pelo sentido da corrente. Com base nessas informações, julgue os itens a seguir.

C | E a) No plano $\mathcal{O}yz$ o campo magnético depende apenas de y.

C | E b) A força F_3 é diretamente proporcional à $y_0 + a$.

C | E c) $F_2 = \frac{\mu_0 I_1 I_2}{2\pi}(0, 0, \ln(1 + \frac{a}{y_0}))$.

C | E d) A soma $F_2 + F_4$ depende do sentido de I_2.

C | E e) A soma $F_1 + F_3$ depende do sentido de I_2.

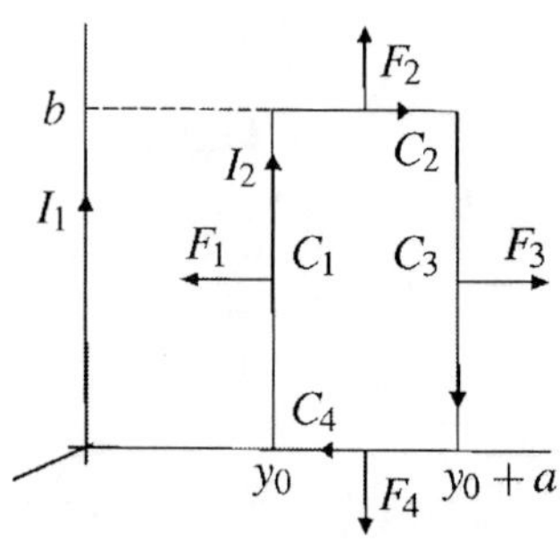

Solução.

C E a) No plano $\mathcal{O}yz$, os pontos são da forma $(0,y,z)$, para os quais o campo magnético é $B(0,y,z) = \frac{\mu_0 I_1}{2\pi}(-1/y,0,0)$. De fato, o campo depende apenas de y como diz a afirmação do item, que está certa.

C E b) O caminho C_3 está no plano $\mathcal{O}yz$ e é composto por pontos com coordenada $y = y_0 + a$. Usando o item anterior e sabendo que $T_3 = (0,0,-1)$, têm-se que

$$T_3 \times B(0,y_0+a,z) = \frac{\mu_0 I_1}{2\pi}\left(0, \frac{1}{y_0+a}, 0\right)$$

e, portanto, segue-se que

$$\begin{aligned} F_3 = I_2 \int_{C_3} T_3 \times B\, ds &= \frac{\mu_0 I_1 I_2}{2\pi}\left(0, \int_{C_3} \frac{1}{y_0+a}\, ds, 0\right) \\ &= \frac{\mu_0 I_1 I_2}{2\pi}\left(0, \frac{b}{y_0+a}, 0\right). \end{aligned}$$

Note que a integral sobre C_3 é igual à razão entre o comprimento do caminho e $y_0 + a$. Assim, a força é inversamente proporcional a $y_0 + a$, contrariando a afirmação do item, que está errada.

C E c) O caminho C_2 pode ser parametrizado por $P(y) = (0,y,b)$, com $y \in [y_0, y_0+a]$ e com $ds = dy$. Uma vez que $T_2 = (0,1,0)$, segue-se que

$$T_2 \times B(P(y)) = \frac{\mu_0 I_1}{2\pi}\left(0, 0, \frac{1}{y}\right).$$

Com isso, a força em questão é

$$\begin{aligned} F_2 = I_2 \int_{C_2} T_2 \times B\, ds &= \frac{\mu_0 I_1 I_2}{2\pi}\left(0, 0, \int_{y_0}^{y_0+a} \frac{1}{y}\, dy\right) \\ &= \frac{\mu_0 I_1 I_2}{2\pi}\left(0, 0, \ln\left(\frac{y_0+a}{y_0}\right)\right) = \frac{\mu_0 I_1 I_2}{2\pi}\left(0, 0, \ln\left(1 + \frac{a}{y_0}\right)\right), \end{aligned}$$

Portanto, a afirmação está certa.

C E d) Como B não depende de z, o cálculo de F_4 é quase idêntico ao feito acima, ocorrendo apenas uma alteração do sinal devido à diferença de sentido do caminho. Assim, têm-se que $F_2 = -F_4 \Rightarrow F_2 + F_4 = 0$.

Por outro lado, uma mudança no sentido de I_2 também equivale a mudar a orientação do caminho, fazendo com que as forças mudem de sentido. Como a soma era nula antes, ainda têm-se que $F_2 + F_4 = 0$. Ou seja, a soma é independente do sentido de I_2. Assim, a afirmação está errada.

C E e) Diferentemente do caso visto acima, a força F_1 não é igual a $-F_3$, pois B depende da variável y. De fato, F_1 é inversamente proporcional a y_0 e não a $y_0 + a$. Portanto, a soma $F_1 + F_3$ é não nula e uma mudança de sentido de I_2 causaria uma mudança de sinal em $F_1 + F_3$. Ou seja, a soma depende do sentido de I_2, e a afirmação do item está certa. □

Questão 2: Altura média de uma cerca complicada

Suponha que uma cerca tenha sido construída ao longo da curva C de parametrização $P(\theta) = (30\cos^3(\theta), 30\,\text{sen}^3(\theta))$ com $\theta \in [0, \pi/2]$. Suponha ainda que a altura da cerca no ponto (x,y) seja dada por $A(x,y) = 1 + y/3$. Veja a figura.

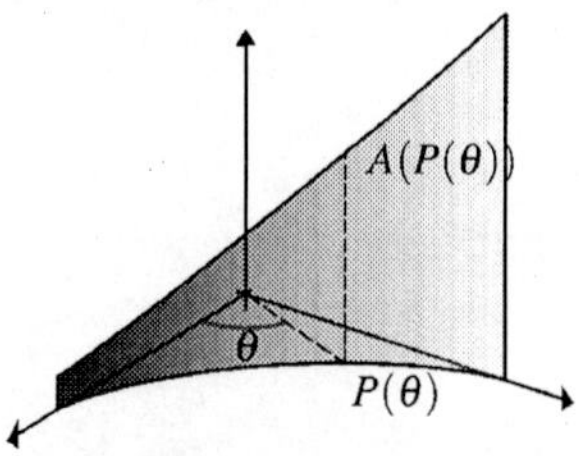

a) Calcule o elemento comprimento de arco ds da curva.

b) Calcule o comprimento da curva C.

c) Justifique o fato de que a integral $\int_C A\,ds$ fornece a área de um dos lados da cerca.

d) Calcule a integral do item anterior.

e) Use os itens anteriores para calcular a altura média da cerca.

Solução.

a) O elemento comprimento de arco é $ds = \|P'(\theta)\|d\theta$. Como o vetor velocidade é $P'(\theta) = (-90\cos^2(\theta)\,\text{sen}(\theta), 90\,\text{sen}^2(\theta)\cos(\theta))$, segue-se que

$$\begin{aligned}\|P'(\theta)\|^2 &= 90^2\cos^4(\theta)\,\text{sen}^2(\theta) + 90^2\cos^2(\theta)\,\text{sen}^4(\theta)\\ &= 90^2\cos^2(\theta)\,\text{sen}^2(\theta)[\cos^2(\theta) + \text{sen}^2(\theta)]\\ &= 90^2\cos^2(\theta)\,\text{sen}^2(\theta).\end{aligned}$$

Como $\cos(\theta) \geq 0$ e $\text{sen}(\theta) \geq 0$ em $[0, \frac{\pi}{2}]$, obtém-se $ds = 90\cos(\theta)\,\text{sen}(\theta)d\theta$.

b) Usando o resultado do item anterior e a igualdade $\text{sen}(2\theta) = 2\cos(\theta)\,\text{sen}(\theta)$, o comprimento da curva é

$$\int_C ds = 90\int_0^{\frac{\pi}{2}} \cos(\theta)\,\text{sen}(\theta)\,d\theta$$

$$= \frac{90}{2} \int_0^{\frac{\pi}{2}} \operatorname{sen}(2\theta)\, d\theta = 45 \left(-\frac{\cos(2\theta)}{2} \right) \Big|_0^{\frac{\pi}{2}} = 45.$$

c) Como ilustra a figura abaixo, $A\,ds$ é a área do retângulo de base ds e altura A. Assim, a integral $\int_C A\,ds$ é a soma das áreas de todos os retângulos infinitesimais que compõem a cerca. Portanto, a integral em questão é a área de um dos lados da cerca.

d) No ponto $P(\theta)$ a altura é $A(P(\theta)) = 1 + 10\operatorname{sen}^3(\theta)$ e, assim, a área é

$$\begin{aligned} \int_C A\,ds &= \int_0^{\frac{\pi}{2}} A(P(\theta)) \|P'(\theta)\|\, d\theta \\ &= 90 \int_0^{\frac{\pi}{2}} (1 + 10\operatorname{sen}^3(\theta)) \cos(\theta) \operatorname{sen}(\theta)\, d\theta \\ &= 90 \int_0^{\frac{\pi}{2}} \cos(\theta) \operatorname{sen}(\theta)\, d\theta + 900 \int_0^{\frac{\pi}{2}} \cos(\theta) \operatorname{sen}^4(\theta)\, d\theta. \end{aligned}$$

A penúltima integral é o comprimento de C e foi calculada no item b), e a última pode ser calculada com a substituição $u = \operatorname{sen}(\theta)$. Assim,

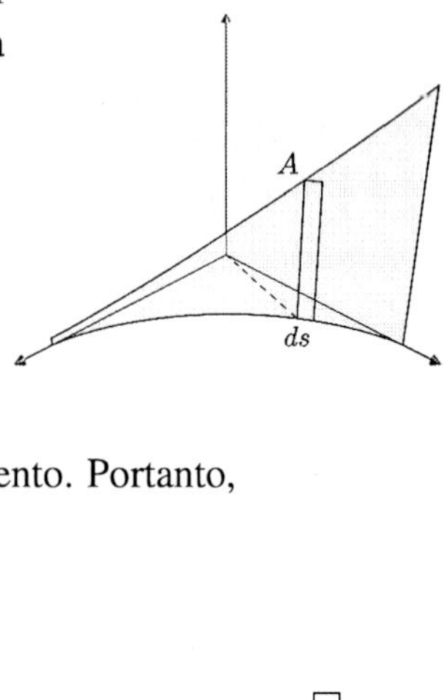

$$\begin{aligned} \int_C A\,ds &= 45 + 900 \int_0^1 u^4\, du = 45 + 900 \left(\frac{u^5}{5} \right) \Big|_0^1 \\ &= 45 + \frac{900}{5} = 45 + 180 = 225. \end{aligned}$$

e) A altura média $\bar{A}$ da cerca é a razão área/comprimento. Portanto,

$$\bar{A} = \frac{\int_C A\,ds}{\int_C ds} = \frac{225}{45} = 5.$$

Ou seja, a altura da cerca é 5 unidades em média. □

Questão 3: O comprimento de um coração

Para $a > 0$, a curva C definida por $r(\theta) = a(1 + \cos(\theta))$ em coordenadas polares, com $\theta \in [0, 2\pi]$, é conhecida como um cardioide, e pode ser parametrizada na forma $P(\theta) = (x(\theta), y(\theta))$.

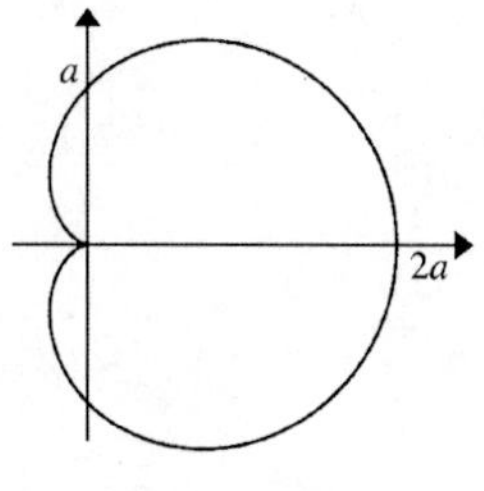

a) Obtenha a parametrização $P(\theta)$ em termos das funções $r(\theta)$, $\cos(\theta)$ e $\operatorname{sen}(\theta)$.

b) Expresse o vetor velocidade $P'(\theta)$ em termos das funções $r(\theta)$, $r'(\theta)$, $\cos(\theta)$ e $\operatorname{sen}(\theta)$.

c) Verifique que o elemento comprimento de arco da curva pode ser expresso em termos apenas das funções $r(\theta)$ e $r'(\theta)$.

d) Use a identidade $2\cos^2(\frac{\theta}{2}) = 1+\cos(\theta)$ para obter uma primitiva da função $\sqrt{1+\cos(\theta)}$ em um intervalo em que $\cos(\frac{\theta}{2})$ não muda de sinal.

e) Use os itens anteriores para calcular o comprimento da curva C.

Solução.

a) A parametrização tem a forma usualmente encontrada para coordenadas polares, mas aqui a coordenada r está em função de θ. Assim,

$$P(\theta) = (r(\theta)\cos(\theta), r(\theta)\operatorname{sen}(\theta)).$$

b) Pela regra da cadeia, têm-se que

$$P'(\theta) = (r'(\theta)\cos(\theta) - r(\theta)\operatorname{sen}(\theta), r'(\theta)\operatorname{sen}(\theta) + r(\theta)\cos(\theta)).$$

Uma forma conveniente de reescrever esse vetor é $P'(\theta) = r'(\theta)u + r(\theta)v$, onde $u = (\cos(\theta), \operatorname{sen}(\theta))$ e $v = (-\operatorname{sen}(\theta), \cos(\theta))$ são vetores unitários e ortogonais.

c) O elemento comprimento de arco é dado por $ds = \|P'(\theta)\|d\theta$. Agora, lembrar que $\|P'(\theta)\|^2 = \langle P'(\theta), P'(\theta)\rangle$ facilita muito os cálculos. Com efeito, com base no item anterior, tem-se que

$$\begin{aligned}\langle P'(\theta), P'(\theta)\rangle &= \langle r'(\theta)u + r(\theta)v, r'(\theta)u + r(\theta)v\rangle \\ &= (r'(\theta))^2\langle u,u\rangle + r'(\theta)r(\theta)\langle u,v\rangle \\ &\quad + r(\theta)r'(\theta)\langle v,u\rangle + r^2(\theta)\langle v,v\rangle.\end{aligned}$$

Como u e v são ortogonais e unitários, sabe-se que $\langle u,u\rangle = \langle v,v\rangle = 1$ e $\langle u,v\rangle = \langle v,u\rangle = 0$. Com isso, chega-se a

$$\|P'(\theta)\| = \sqrt{\langle P'(\theta), P'(\theta)\rangle} = \sqrt{(r'(\theta))^2 + r^2(\theta)}.$$

Assim, $ds = \|P'(\theta)\|d\theta$ depende apenas do raio e de sua derivada.

d) De forma direta, têm-se que

$$\int \sqrt{1+\cos(\theta)}\,d\theta = \int \sqrt{2\cos^2\left(\tfrac{\theta}{2}\right)}\,d\theta = \sqrt{2}\int \left|\cos\left(\tfrac{\theta}{2}\right)\right|\,d\theta.$$

Em um intervalo em que $\cos(\theta/2) \geq 0$, sabe-se que $|\cos(\theta/2)| = \cos(\theta/2)$. Por outro lado, se $\cos(\theta/2) \leq 0$, sabe-se que $|\cos(\theta/2)| = -\cos(\theta/2)$. Portanto, se não houver mudança de sinal, segue-se que

$$\int \sqrt{1+\cos(\theta)}\,d\theta = \pm\sqrt{2}\int \cos\left(\tfrac{\theta}{2}\right)\,d\theta = \pm 2\sqrt{2}\,\mathrm{sen}\left(\tfrac{\theta}{2}\right) + K$$

onde K é constante.

e) O primeiro passo para obter o comprimento de C é escrever o módulo do vetor velocidade de forma explícita, como

$$\begin{aligned}
\|P'(\theta)\| &= \sqrt{(r'(\theta))^2 + r^2(\theta)} = \sqrt{(-a\,\mathrm{sen}(\theta))^2 + (a + a\cos(\theta))^2} \\
&= \sqrt{a^2 + 2a^2\cos(\theta) + a^2\cos^2(\theta) + a^2\,\mathrm{sen}^2(\theta)} \\
&= \sqrt{2a^2(1+\cos(\theta))} = \sqrt{2}a\sqrt{1+\cos(\theta)}.
\end{aligned}$$

Não por acaso, essa expressão lembra àquela estudada no item anterior. Na parte de cima da cardioide em que $\theta \in [0, \pi]$, a função $\cos(\theta/2)$ é positiva e não muda de sinal. Portanto, vale a pena calcular metade do comprimento e multiplicar por 2. O comprimento de C é

$$\int_C ds = 2\int_0^{\pi} (\sqrt{2}a)\sqrt{1+\cos(\theta)}\,d\theta = 8a\left(\mathrm{sen}\left(\tfrac{\theta}{2}\right)\right)\Big|_0^{\pi} = 8a. \quad \square$$

Questão 4: Integral sobre a intersecção de superfícies

Suponha que um arame tenha a forma correspondente à interseção da esfera $x^2 + y^2 + z^2 = 1$ com o plano $x + y + z = 0$, como ilustrado a seguir.

a) Justifique a afirmação de que a forma do arame corresponde a um círculo unitário de centro na origem.

b) Verifique que os vetores $u = \frac{1}{\sqrt{2}}(-1, 0, 1)$ e $v = \frac{1}{\sqrt{6}}(1, -2, 1)$ são unitários, ortogonais e pertencem ao plano.

c) Verifique que o vetor $w = au + bv$ está no plano para quaisquer $a, b \in \mathbb{R}$. Em seguida, calcule a norma $\|w\|$ em termos de a e b.

d) Use os itens anteriores para obter uma parametrização $P(\theta)$, $\theta \in [0, 2\pi]$, da curva correspondente à forma do arame.

e) Calcule a massa M do arame supondo densidade linear igual a $\delta(x,y,z) = x^2$.

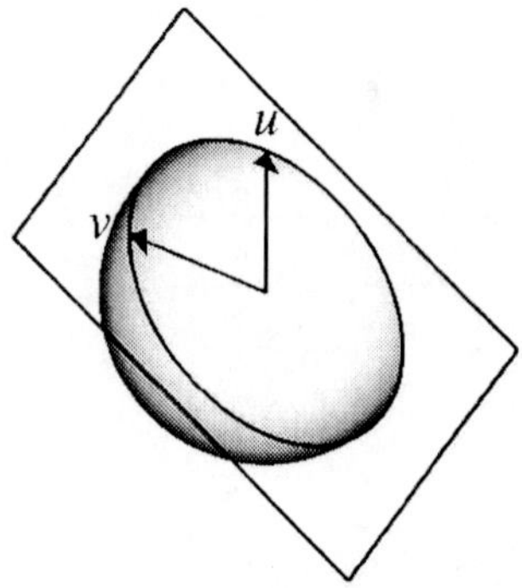

Solução.

a) O plano corta a esfera ao meio, pois o mesmo passa pelo origem que é o centro da esfera. Por conta disso, a interseção dos dois corresponde a um círculo de raio igual ao da esfera.

b) Os vetores são unitários, uma vez que $\|u\|^2 = \langle u, u\rangle = \frac{1}{2} + 0 + \frac{1}{2} = 1$ e $\|v\|^2 = \langle v, v\rangle = \frac{1}{6} + \frac{4}{6} + \frac{1}{6} = \frac{6}{6} = 1$. Eles são também ortogonais, pois

$$\langle u, v\rangle = -\frac{1}{\sqrt{2}} \cdot \frac{1}{\sqrt{6}} + 0 + \frac{1}{\sqrt{2}} \cdot \frac{1}{\sqrt{6}} = 0.$$

Além disso, dado que o vetor normal ao plano é $n = (1,1,1)$, u e v são paralelos ao plano, visto que

$$\langle u, n\rangle = -\frac{1}{\sqrt{2}} + 0 + \frac{1}{\sqrt{2}} = 0 \quad \text{e} \quad \langle v, n\rangle = \frac{1}{\sqrt{6}} - \frac{2}{\sqrt{6}} + \frac{1}{\sqrt{6}} = 0$$

c) Assim como u e v, $w = au + bv$ também é paralelo ao plano, pois $\langle w, n\rangle = \langle au + bv, n\rangle = a\langle u, n\rangle + b\langle v, n\rangle = 0$. A norma de w pode ser calculada a partir do produto escalar, como a seguir:

$$\|w\|^2 = \langle w, w\rangle = \langle au + bv, au + bv\rangle = a^2\langle u, u\rangle + ab\langle u, v\rangle + ba\langle v, u\rangle + b^2\langle v, v\rangle.$$

Dado que $\langle u, u\rangle = \langle v, v\rangle = 1$ e $\langle u, v\rangle = \langle v, u\rangle = 0$, têm-se que $\|w\| = \sqrt{\langle w, w\rangle} = \sqrt{a^2 + b^2}$.

d)

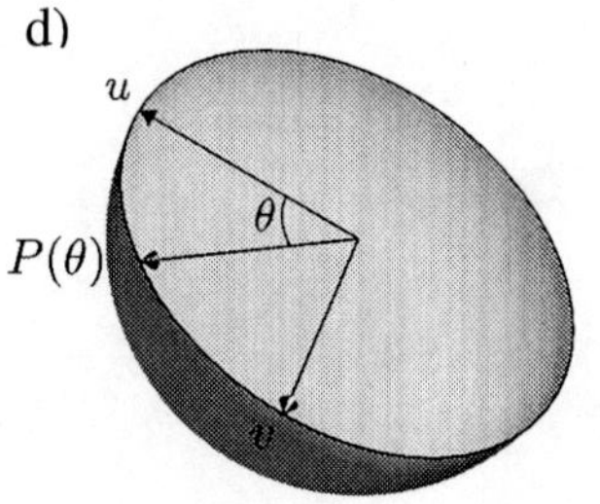

A ortogonalidade de u e v permite obter $P(\theta)$ pela analogia com as coordenadas x e y. Ou seja,

$$P(\theta) = \cos(\theta)u + \operatorname{sen}(\theta)v.$$

Como visto no item anterior, o vetor $P(\theta)$ está no plano e têm norma igual a $\|P(\theta)\| = \sqrt{\cos^2(\theta) + \operatorname{sen}^2(\theta)} = 1$. Veja a figura ao lado.

e) A coordenada $x(\theta)$ de $P(\theta)$ é $x(\theta) = -\frac{1}{\sqrt{2}}\cos(\theta) + \frac{1}{\sqrt{6}}\operatorname{sen}(\theta)$ e, portanto, a densidade em termos da parametrização é

$$\delta(P(\theta)) = x^2(\theta) = \frac{1}{2}\cos^2(\theta) + \frac{2}{\sqrt{12}}\cos(\theta)\operatorname{sen}(\theta) + \frac{1}{6}\operatorname{sen}^2(\theta).$$

Por outro lado, o elemento comprimento de arco é

$$ds = \|P'(\theta)\|d\theta = \|-\operatorname{sen}(\theta)u + \cos(\theta)v\| = \sqrt{\operatorname{sen}^2(\theta) + \cos^2(\theta)} = 1.$$

Note que $P'(\theta)$ tem o formato estudado no item c). Assim, a massa do arame, descrito pelo caminho C, é

$$\begin{aligned}
M &= \int_C \delta\, ds = \int_0^{2\pi} \delta(P(\theta))\|P'(\theta)\|\, d\theta \\
&= \int_0^{2\pi} \left(\frac{1}{2}\cos^2(\theta) + \frac{2}{\sqrt{12}}\cos(\theta)\operatorname{sen}(\theta) + \frac{1}{6}\operatorname{sen}^2(\theta)\right) d\theta \\
&= \frac{1}{2}\int_0^{2\pi} \cos^2(\theta)\, d\theta + \frac{2}{\sqrt{12}}\int_0^{2\pi} \cos(\theta)\operatorname{sen}(\theta)\, d\theta + \frac{1}{6}\int_0^{2\pi} \operatorname{sen}^2(\theta)\, d\theta \\
&= \frac{1}{2}\pi + \frac{1}{6}\pi = \frac{4}{6}\pi = \frac{2}{3}\pi.
\end{aligned}$$

□

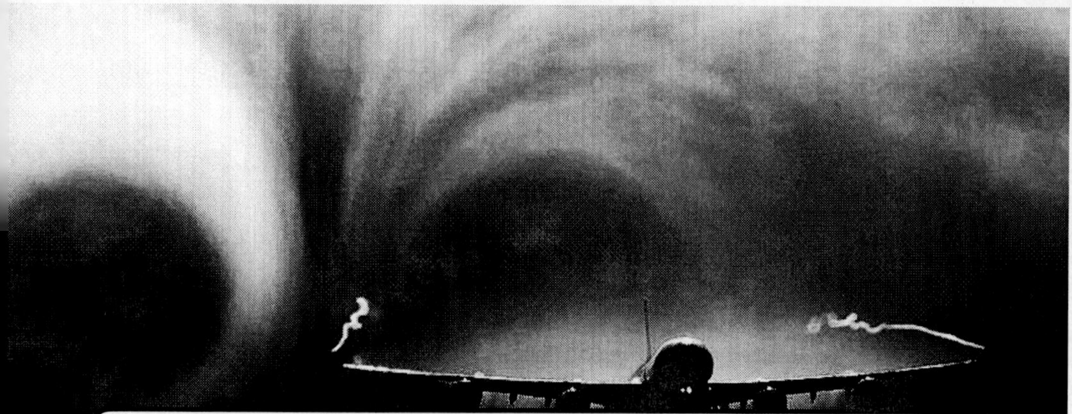

11. Teorema de Green

Aqui, as questões abordam a circulação de um campo em duas dimensões e o teorema de Green. Esses assuntos ajudam na compreensão de suas generalizações em capítulos posteriores e possuem diversas aplicações por si só. Por exemplo, o teorema de Green é utilizado em alguns métodos numéricos para reescrever equações diferenciais parciais como um problema de otimização.

Questão 1: Circulação de um campo elétrico conservativo

Considere o semiplano $D = \{P = (x,y) \in \mathbb{R}^2;\ x > 0\}$ e a região $R \subset D$ limitada pelas circunferências $\|P\| = 1$ e $\|P\| = 2$ e pelas retas $y = \pm x$. Conforme a figura, tem-se que $\partial R = \cup_{i=1}^{4} C_i$ onde os caminhos C_i têm a orientação indicada. Considere ainda o campo elétrico $E(P) = \dfrac{\delta_0}{2\pi\varepsilon_0}\dfrac{P}{\|P\|^2}$. Se necessário, use que $\ln(2) \approx 7/10$ e $\arctan(2) \approx 11/10$, e julgue os itens a seguir.

C | E a) Por considerações geométricas, conclui-se que o trabalho realizado por E ao longo do caminho C_3 é positivo.

C | E b) E é um campo conservativo em D.

C | E c) Tem-se que $E = \nabla f$ para alguma função $f\colon D \to \mathbb{R}$ cuja expressão envolve o logaritmo.

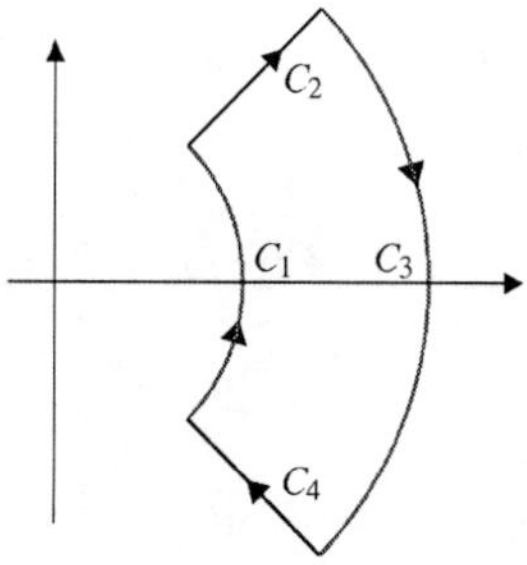

C | E d) $\int_{C_2} \langle E, T\rangle\, ds > \dfrac{\delta_0}{2\pi\varepsilon_0}$.

C | E e) As integrais $\int_{C_i} \langle E, T\rangle\, ds$, $i = 2, 4$, têm sinais iguais.

Solução.

C E a)

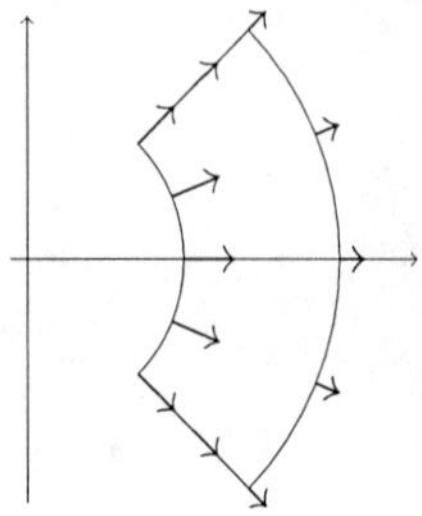

Pela expressão dada, pode-se ver que o campo tem direção radial. Com isso, E é normal a C_3 em todos os pontos, visto que o caminho é parte de um círculo com centro na origem. A figura ao lado ilustra esse fato. Portanto, $\langle E,T\rangle = 0$ e o trabalho é $\int_{C_3} \langle E,T\rangle\, ds = 0$. Com isso, a afirmação do item está errada.

C E b) Uma vez que D é um domínio simplesmente conexo, o campo E é conservativo se for irrotacional. Usando a notação $E = (L,M)$, com $L(x,y) = \frac{\delta_0}{2\pi\varepsilon_0}\frac{x}{(x^2+y^2)}$ e $M(x,y) = \frac{\delta_0}{2\pi\varepsilon_0}\frac{y}{(x^2+y^2)}$, deve-se verificar se $M_x - L_y = 0$. Uma das derivadas é

$$L_y(x,y) = \frac{\delta_0}{2\pi\varepsilon_0}\left(-\frac{x}{(x^2+y^2)^2}(2y)\right) = -\frac{\delta_0}{2\pi\varepsilon_0}\frac{2xy}{(x^2+y^2)^2},$$

enquanto a outra, por simetria, é $M_x = -\frac{\delta_0}{2\pi\varepsilon_0}\frac{2xy}{(x^2+y^2)^2}$. Como as duas são iguais, o campo é irrotacional e, consequentemente, conservativo. Portanto, a afirmação do item está certa.

C E c) A função f é tal que $f_x = L$. Integrando em x ambos os lados dessa equação, chega-se a

$$\begin{aligned} f(x,y) &= \frac{\delta_0}{2\pi\varepsilon_0}\int \frac{x}{(x^2+y^2)}\,dx = \frac{\delta_0}{4\pi\varepsilon_0}\int u^{-1}\,du = \frac{\delta_0}{4\pi\varepsilon_0}\ln(u) + g(y) \\ &= \frac{\delta_0}{4\pi\varepsilon_0}\ln(x^2+y^2) + g(y), \end{aligned}$$

onde usou-se a substituição $u = x^2+y^2$. Por outro lado, deve-se ter $f_y = M$. Derivando o resultado obtido acima em relação a y e igualando a M, têm-se que

$$f_y(x,y) = \frac{\delta_0}{2\pi\varepsilon_0}\frac{y}{(x^2+y^2)} + g'(y) = M(x,y)$$

e, portanto, que $g'(y) = 0 \Rightarrow g(y) = c$, onde c independe de x e de y. Assim, a expressão da função potencial envolve o logaritmo e é dada por $f = \frac{\delta_0}{4\pi\varepsilon_0}\ln(x^2+y^2) + c$. Com isso, a afirmação está certa.

C E d) Considere uma parametrização $P(t)$ de C_2, com $t \in [t_1,t_2]$, onde $\|P(t_1)\| = 1$ e $\|P(t_2)\| = 2$. Com base no item anterior, segue-se que

$$\int_{C_2} \langle E,T\rangle\, ds = \int_{t_1}^{t_2} \langle \nabla f(P(t)), P'(t)\rangle\, dt$$
$$= \int_{t_1}^{t_2} \frac{d}{dt} f(P(t))\, dt = f(P(t_2)) - f(P(t_1)).$$

Como $f(P(t))$ depende apenas de $\|P(t)\|$, chega-se a

$$\int_{C_2} \langle E,T\rangle\, ds = \frac{\delta_0}{4\pi\varepsilon_0} \ln(\|P(t_2)\|^2) - \frac{\delta_0}{4\pi\varepsilon_0} \ln(\|P(t_1)\|^2)$$
$$= \frac{\delta_0}{4\pi\varepsilon_0} \ln(4) - \frac{\delta_0}{4\pi\varepsilon_0} \ln(1)$$
$$= \frac{\delta_0}{4\pi\varepsilon_0} \ln(2^2) = \frac{\delta_0}{2\pi\varepsilon_0} \ln(2) \approx \frac{7}{10}\frac{\delta_0}{2\pi\varepsilon_0}.$$

Onde foi utilizada a estimativa fornecida no enunciado. Portanto, a afirmação do item está errada, pois $\int_{C_2} \langle E,T\rangle\, ds < \frac{\delta_0}{2\pi\varepsilon_0}$.

C **E** e) Devido à direção radial do campo, a projeção $\langle E,T\rangle$ têm sinais diferentes em C_2 e C_4 e, portanto, as integrais também possuem sinais diferentes. Outro modo de chegar a esse resultado é lembrar que $\int_{\partial R} \langle E,T\rangle\, ds = 0$, pois E é conservativo. Como a contribuição de C_1 é nula pelo mesmo argumento usado para C_3, têm-se que

$$\int_{\partial R} \langle E,T\rangle\, ds = \int_{C_2} \langle E,T\rangle\, ds + \int_{C_4} \langle E,T\rangle\, ds = 0$$
$$\Rightarrow \int_{C_2} \langle E,T\rangle\, ds = -\int_{C_4} \langle E,T\rangle\, ds.$$

Assim, a afirmação do item está errada. □

Questão 2: Trabalho realizado por um motor de 4 tempos

Indique por v o volume e por p a pressão no interior de um cilindro de um motor a 4 tempos. A figura a seguir ilustra o diagrama $v \times p$ ao longo de um ciclo: aspiração (1 a 2), compressão (2 a 3), explosão (3 a 4) e exaustão (4 a 1). O trabalho realizado ao longo desse ciclo é $W = \oint_C p\, dv$, onde C é a curva fechada de orientação indicada na figura, curva que limita as regiões R_1 e R_2.

a) Justifique a afirmação de que as regiões R_1 e R_2 satisfazem as condições do Teorema de Green.

b) Enuncie o Teorema de Green na região R_1 para um campo genérico $F(v,p) = (L(v,p), M(v,p))$.

c) Calcule a integral $\oint_{\partial R_1} p\,dv$ em termos da área de R_1.

d) Repita o item anterior no caso da região R_2.

e) Use os itens anteriores para calcular o trabalho W em termos das áreas de R_1 e R_2.

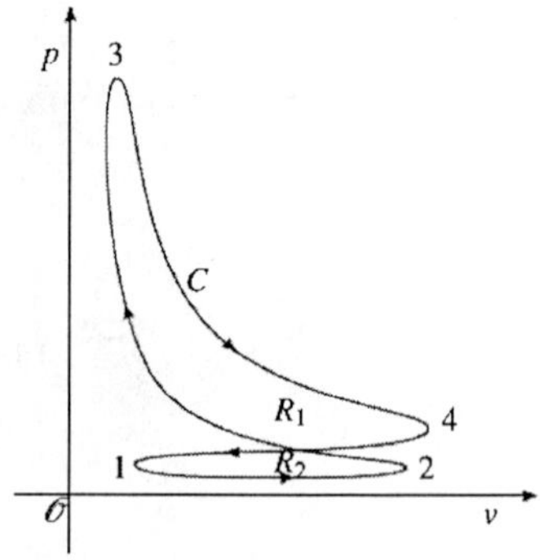

Solução.

a) Tanto R_1 quanto R_2 podem ser decompostas em uniões de domínios que são tanto da forma R_x quanto R_y, sendo assim regiões simples. Essa é uma das hipóteses para aplicação do teorema de Green.

b) Para $F = (L, M)$ um campo de classe C^1, o teorema de Green diz que

$$\int_{\partial R_1} L dv + M dp = -\iint_{R_1} (M_v - L_p)\, dv dp.$$

Nesse caso, o sinal de menos é devido à orientação negativa de ∂R_1.

c) Usando o item anterior, a integral pode ser calculada através do teorema de Green escolhendo $L(v,p) = p$ e $M(v,p) = 0$. Como $L_p = 1$, chega-se a

$$\int_{\partial R_1} p\, dv = -\iint_{R_1} (0-1)\, dv dp = \iint_{R_1} dv dp = \text{Área de } R_1.$$

d) O cálculo para região R_2 é análogo, mas é importante lembrar que o sinal de menos, presente no resultado o item b), não é mais necessário, pois ∂R_2 tem a orientação positiva. Assim

$$\int_{\partial R_2} p\, dv = \iint_{R_1} (0-1)\, dv dp = -\iint_{R_2} dv dp = -(\text{Área de } R_2).$$

e) O caminho C é a união de ∂R_1, com orientação no sentido horário, e ∂R_2, com orientação no sentido anti-horário. Veja a figura do enunciado. Assim, com base nos itens anteriores, o trabalho é dado por

$$W = \int_C p\, dv = \int_{\partial R_1} p\, dv + \int_{\partial R_2} p\, dv = \text{Área de } R_1 - \text{Área de } R_2.$$

A figura do enunciado mostra que a área de R_1 é maior que a de R_2. Assim, como esperado, o trabalho realizado pelo motor é positivo. □

Questão 3: Argumento de excisão

Considere o problema de calcular a circulação ao longo da curva C do campo magnético $B(x,y) = (L(x,y), M(x,y)) = \left(\frac{-2y}{x^2+y^2}, \frac{2x}{x^2+y^2}\right)$, onde C é uma curva fechada simples e orientada no sentido positivo, conforme a figura. Para isso, indique por C_0 o círculo de centro na origem e raio $a > 0$, orientado também no sentido positivo, e por D a região entre C e C_0. Com essa notação, o campo B está bem definido e é de classe C^1 no domínio D.

a) Calcule, pela definição, a circulação de B ao longo de C_0.

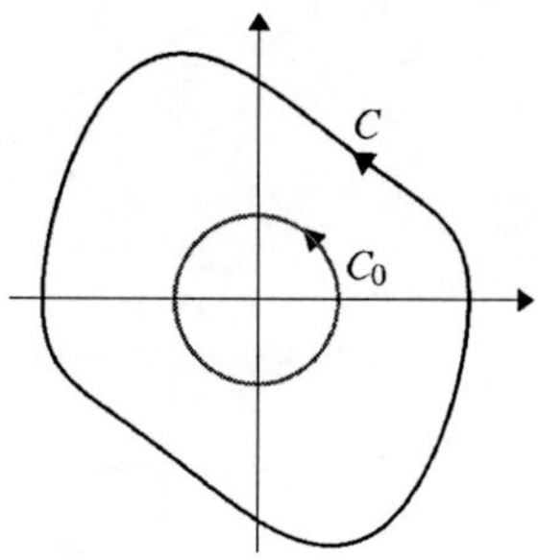

b) Enuncie o Teorema de Green no domínio D, indicando a orientação do bordo ∂D.

c) Calcule as derivadas parciais L_y e M_x.

d) Calcule $\int_{\partial D} \langle B, T\rangle\, ds$ usando os itens anteriores.

e) Use os itens anteriores para calcular $\int_C \langle B, T\rangle\, ds$.

Solução.

a) O círculo C_0 pode ser parametrizado por $P(\theta) = (a\cos(\theta), a\,\mathrm{sen}(\theta))$ com $\theta \in [0, 2\pi]$. Nesse caso, a velocidade é $P'(\theta) = (-a\,\mathrm{sen}(\theta), a\cos(\theta))$, o comprimento de arco é $ds = \|P'(\theta)\| d\theta = a d\theta$ e o tangente unitário é $T(P(\theta) = \frac{1}{a}P'(\theta)$. Além disso, uma comparação entre as expressões permite escrever o campo como $B(P(\theta)) = \frac{2}{a^2}P'(\theta)$. Assim,

$$\begin{aligned}\int_{C_0} \langle B, T\rangle\, ds &= \int_0^{2\pi} \langle B(P(\theta)), \frac{1}{a}P'(\theta)\rangle\, a d\theta = \frac{2}{a^2}\int_0^{2\pi} \langle P'(\theta), P'(\theta)\rangle\, d\theta \\ &= \frac{2}{a^2}\int_0^{2\pi} \|P'(\theta)\|^2 d\theta = 2\int_0^{2\pi} d\theta = 4\pi.\end{aligned}$$

b) Com as orientações mostradas na figura, o bordo de D é dado por $\partial D = C \cup (-C_0)$. Ou seja, em ∂D, a orientação de C_0 deve ser no sentido horário. Portanto, o teorema de Green diz que

$$\int_{\partial D} \langle B, T\rangle\, ds = \iint_D (M_x - L_y)\, dxdy.$$

c) Pela regra da cadeia, a derivada de L é

$$L_y(x,y) = -2\left(\frac{1}{x^2+y^2} - \frac{y}{(x^2+y^2)^2}(2y)\right) = -2\left(\frac{x^2+y^2-2y^2}{(x^2+y^2)^2}\right)$$
$$= -\frac{2x^2-2y^2}{(x^2+y^2)^2}.$$

Analogamente para M, chega-se a $M_x(x,y) = -\frac{2x^2-2y^2}{(x^2+y^2)^2}$.

d) Pelo item anterior, o campo B é irrotacional, pois $M_x - L_y = 0$. Portanto, uma aplicação direta do teorema enunciado no item b) resulta em

$$\int_{\partial D} \langle B,T\rangle\, ds = 0.$$

e) Para calcular a integral desejada, basta rescrever o resultado acima como

$$\int_{\partial D} \langle B,T\rangle\, ds = \int_{C} \langle B,T\rangle\, ds + \int_{-C_0} \langle B,T\rangle\, ds = 0.$$

Reinterpretando essa igualdade, chega-se a

$$\int_{C} \langle B,T\rangle\, ds = -\int_{-C_0} \langle B,T\rangle\, ds = \int_{C_0} \langle B,T\rangle\, ds = 4\pi,$$

onde usou-se o cálculo feito no item a). □

Questão 4: Circulação de um campo magnético irrotacional

Na figura, C_2 e C_1 são segmentos sobre as retas $y = x$ e $y = -x$, respectivamente, C_0 é um arco de círculo de raio 1 e C é uma curva qualquer ligando os pontos P_1 e P_2. Essas curvas limitam uma região D cujo bordo ∂D tem orientação positiva. Com essa notação, o problema é calcular a integral $\int_C \langle B,T\rangle\, ds$, em que $B(x,y) = \big(-3y/(x^2+y^2), 3x/(x^2+y^2)\big)$ é o campo magnético.

a) Parametrize $-C_0$ e calcule $\int_{-C_0} \langle B,T\rangle\, ds$ pela definição.

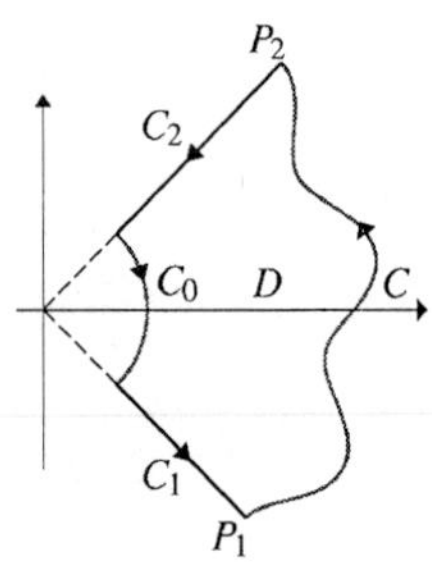

b) Justifique a afirmação de que $\int_{C_i} \langle B,T\rangle\, ds = 0$ para $i = 1,2$.

c) Calcule as derivadas parciais de L e M, onde $B = (L,M)$.

d) Calcule $\int_{\partial D} \langle B,T\rangle\, ds$ usando o Teorema de Green.

e) Calcule $\int_C \langle B,T\rangle\, ds$ usando os itens anteriores.

Solução.

a) O arco $-C_0$ pode ser parametrizado por $P(\theta) = (\cos(\theta), \text{sen}(\theta))$, $\theta \in [-\pi/4, \pi/4]$. Nesse caso, a velocidade é $P'(\theta) = (-\text{sen}(\theta), \cos(\theta))$ e o elemento comprimento de arco é $ds = \|P'(\theta)\| d\theta = d\theta$. Além disso, uma comparação entre as expressões permite escrever o campo como $B(P(\theta)) = 3P'(\theta)$. Veja a figura. Assim,

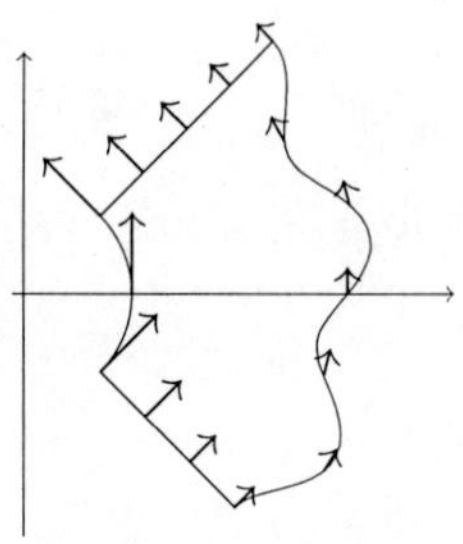

$$\begin{aligned}\int_{-C_0} \langle B, T\rangle\, ds &= \int_{-\frac{\pi}{4}}^{\frac{\pi}{4}} \langle B(P(\theta)), P'(\theta)\rangle\, d\theta \\ &= 3\int_{-\frac{\pi}{4}}^{\frac{\pi}{4}} \langle P'(\theta), P'(\theta)\rangle\, d\theta \\ &= 3\int_{-\frac{\pi}{4}}^{\frac{\pi}{4}} \|P'(\theta)\|^2\, d\theta \\ &= 3\int_{-\frac{\pi}{4}}^{\frac{\pi}{4}} d\theta = \frac{3}{2}\pi.\end{aligned}$$

b) Pela expressão do campo, é possível perceber que $B(x,y)$ tem direção tangente a círculos com centro na origem. Como C_1 e C_2 são retas que partem da origem e, portanto, possuem direção radial, a projeção $\langle B, T\rangle$ é nula nos dois casos. A figura do item anterior ilustra essa conclusão. Com integrando identicamente nulo, têm-se necessariamente que $\int_{C_1} \langle B, T\rangle\, ds = \int_{C_2} \langle B, T\rangle\, ds = 0$.

c) Pela regra da cadeia, as derivadas de $L(x,y) = -\frac{3y}{x^2+y^2}$ são

$$L_x(x,y) = \frac{3y}{(x^2+y^2)^2}(2x) = \frac{6xy}{(x^2+y^2)^2}$$

e

$$L_y(x,y) = -3\left(\frac{x^2+y^2-2y^2}{(x^2+y^2)^2}\right) = -\frac{3x^2-3y^2}{(x^2+y^2)^2}.$$

Devido à semelhança entre as expressões de $L(x,y)$ e $M(x,y) = \frac{3x}{x^2+y^2}$, pode-se obter as derivadas de M por simetria. Desse modo,

$$M_x(x,y) = -\frac{3x^2-3y^2}{(x^2+y^2)^2} \quad \text{e} \quad M_y(x,y) = -\frac{6xy}{(x^2+y^2)^2}.$$

Assim, têm-se que $L_x(x,y) = -M_y(x,y)$ e $L_y(x,y) = M_x(x,y)$.

d) Como consequência direta do item anterior, o campo magnético é irrotacional, pois $M_x - L_y = 0$. Assim, aplicando o teorema de Green chega-se a

$$\int_{\partial D} \langle B, T \rangle \, ds = \iint_D (M_x - L_y) \, dxdy = 0.$$

e) O bordo de D é dado pela união $\partial D = C \cup C_0 \cup C_1 \cup C_2$, portanto, a integral acima pode ser decomposta como

$$\int_{\partial D} \langle B, T \rangle \, ds = \int_C \langle B, T \rangle \, ds + \int_{C_0} \langle B, T \rangle \, ds + \int_{C_1} \langle B, T \rangle \, ds + \int_{C_2} \langle B, T \rangle \, ds.$$

Dos itens a) e b), sabe-se que a integral sobre $-C_0$ vale $\frac{3}{2}\pi$ e que as integrais sobre C_1 e C_2 são nulas. Assim, usando o resultado do item d),

$$\int_C \langle B, T \rangle \, ds = -\int_{C_0} \langle B, T \rangle \, ds = \int_{-C_0} \langle B, T \rangle \, ds = \frac{3}{2}\pi. \qquad \square$$

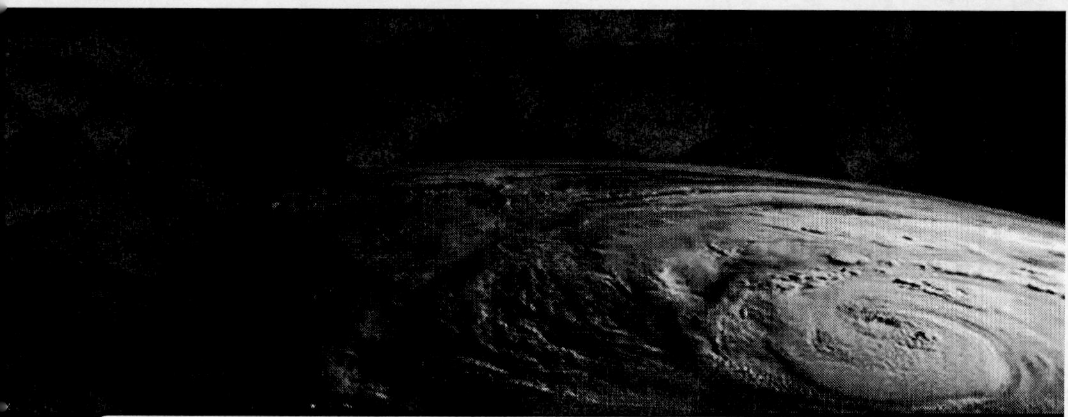

12. Teorema de Stokes

As questões aqui abordam integrais de superfície e aplicações do teorema de Stokes, que relaciona diversos conceitos vistos anteriormentes. Além de ser peça chave na tradução das equações de Maxwell, da forma integral para a diferencial, o teorema de Stokes permite deduzir a lei de Kirchhoff das tensões para circuitos elétricos. Esses são exemplos onde o teorema transcende sua função matemática ao produzir uma visão mais simples sobre fenômenos físicos.

Questão 1: Integrais relacionadas pelo teorema de Stokes

Seja Q o sólido limitado pelo plano $2x+2y+z=1$ e pelo paraboloide $z=3-x^2-y^2$. Conforme a figura, o bordo ∂Q é a união das superfícies $\mathbb{S}_1$ e $\mathbb{S}_2$, correspondentes ao plano e ao paraboloide, respectivamente. Indique por $C=\mathbb{S}_1\cap\mathbb{S}_2$, por $\mathbf{n}$ a normal exterior ao bordo ∂Q e considere o problema de calcular $\iint_{\mathbb{S}_2}\langle \operatorname{rot} F,\mathbf{n}\rangle\, dS$, onde $F(x,y,z)=(x^3, 3x+y^2, 3y+z^2)$.

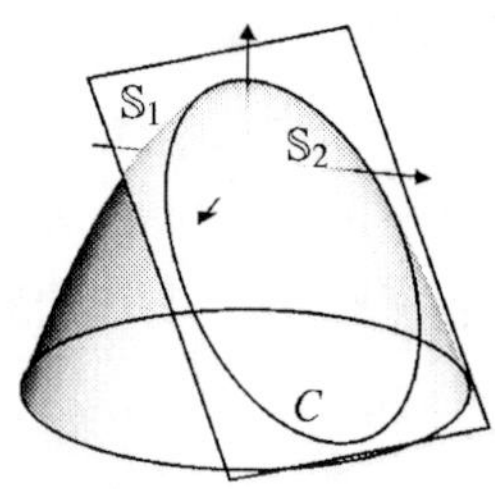

C | E a) Em $\mathbb{S}_1$, $\mathbf{n}$ induz a uma orientação horária em C.

C | E b) Em $\mathbb{S}_1$, $\langle \operatorname{rot} F,\mathbf{n}\rangle$ é positivo.

C | E c) $\iint_{\mathbb{S}_1}\langle \operatorname{rot} F,\mathbf{n}\rangle\, dS > 2\iint_{\mathbb{S}_1} dS$.

C | E d) Em $\mathbb{S}_2$, $\mathbf{n}$ induz a uma orientação horária em C.

C | E e) $\iint_{\mathbb{S}_2}\langle \operatorname{rot} F,\mathbf{n}\rangle\, dS > 2\iint_{\mathbb{S}_1} dS$.

Solução.

C | E a) A normal exterior em $\mathbb{S}_1$ aponta para baixo. Olhando por cima, no sentido negativo de z, e seguindo a regra da mão direita, a normal induz uma orientação horária. Portanto, a afirmação está certa.

C E b) Da equação do plano e dado que **n** aponta para baixo, obtêm-se que $\mathbf{n} = \frac{1}{3}(-2,-2,-1)$. Por outro lado, indicando por $F = (L,M,N)$ as coordenadas do campo, têm-se que

$$\text{rot}F = (N_y - M_z, L_z - N_x, M_x - L_y) = (3-0, 0-0, 3-0) = (3,0,3).$$

Portanto, em $\mathbb{S}_1$, o produto escalar $\langle \text{rot}F, \mathbf{n} \rangle$ é negativo, e a afirmação do item está errada.

C E c) Com base no item anterior, o fluxo de rot$F$ sobre $\mathbb{S}_1$ é

$$\iint_{\mathbb{S}_1} \langle \text{rot}F, \mathbf{n} \rangle \, dS = -3 \iint_{\mathbb{S}_1} dS < 2 \iint_{\mathbb{S}_1} dS.$$

O resultado acima faz sentido, pois em todos os pontos de $\mathbb{S}_1$ o vetor rot$F$ aponta para cima, na direção contrária à de **n**. Portanto, a afirmação do item está errada.

C E d) Diferente da normal exterior em $\mathbb{S}_1$, em $\mathbb{S}_2$ a normal **n** tem coordenada z positiva. Por isso, olhando por cima, a orientação induzida por **n** é anti-horária. Assim, a afirmação do item está errada.

C E e) O importante aqui é notar que, a menos da orientação, os bordos $\partial\mathbb{S}_1$ e $\partial\mathbb{S}_2$ são o mesmo caminho C. De fato, como visto acima, a orientação de $\partial\mathbb{S}_1$ é horária e a de $\partial\mathbb{S}_2$ é anti-horária. Assim, por Stokes, e usando o resultado do item c), segue-se que

$$\begin{aligned}\iint_{\mathbb{S}_2} \langle \text{rot}F, \mathbf{n} \rangle \, dS &= \oint_{\partial\mathbb{S}_2} \langle F, T \rangle ds \\ &= -\oint_{\partial\mathbb{S}_1} \langle F, T \rangle ds = -\iint_{\mathbb{S}_1} \langle \text{rot}F, \mathbf{n} \rangle \, dS = 3 \iint_{\mathbb{S}_1} dS.\end{aligned}$$

É claro então que a afirmação do item é verdadeira. Vale ressaltar que o campo F e as funções que limitam Q são de classe C^1 e que o domínio das funções é uma união de domínios simples. Portanto, as hipótese para aplicação do teorema de Stokes são satisfeitas. □

Questão 2: Lei do aquecimento de Joule

Considere um resistor cilíndrico $C = \{(x,y,z) \in \mathbb{R}^3; x^2 + z^2 \leq a^2 \text{ e } 0 \leq y \leq L\}$ de resistência R, cujo bordo $\partial C = \mathbb{S}_1 \cup \mathbb{S}_2 \cup \mathbb{S}_3$ é a união das superfícies indicadas na figura. Se uma corrente estacionária I passa por C na direção positiva de $\mathcal{O}y$, o campo elétrico E, o campo magnético B e o vetor de Poynting S em um ponto $P = (x,y,z) \in C$ são dados por

$$E(P) = \frac{IR}{L}(0,1,0), \ B(P) = \frac{\mu I}{2\pi a^2}(z,0,-x) \ \text{e} \ S(P) = \frac{1}{\mu}E(P)\times B(P).$$

O fluxo de S por ∂C é a energia eletromagnética que passa por ∂C por unidade de tempo, e o cálculo desta energia ilustra a definição “Um resistor é o que transforma toda energia eletromagnética em calor”. Veja os itens a seguir.

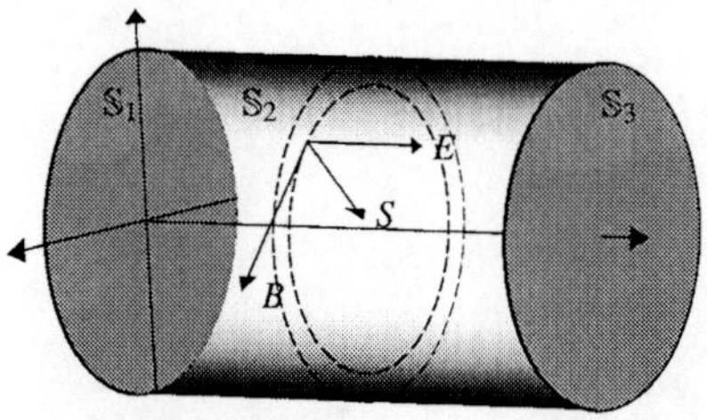

a) Obtenha as coordenadas do vetor de Poynting.

b) Obtenha uma parametrização $\varphi\colon D \to \mathbb{R}^3$ de $\mathbb{S}_2$, incluindo o seu domínio.

c) Calcule o fluxo de S por $\mathbb{S}_2$ na direção da normal unitária exterior.

d) Calcule o fluxo de S por ∂C na direção da normal unitária exterior.

e) Interprete o resultado do item anterior em termos da lei de aquecimento de Joule, segundo a qual a energia térmica que sai do resistor por unidade de tempo é RI^2.

Solução.

a) No ponto P, o vetor de Poynting pode ser calculado através das coordenadas dos campos como

$$S(P) = \frac{1}{\mu}\det\begin{bmatrix} \mathbf{i} & \mathbf{j} & \mathbf{k} \\ 0 & \frac{IR}{L} & 0 \\ \frac{\mu I}{2\pi a^2}z & 0 & -\frac{\mu I}{2\pi a^2}x \end{bmatrix} = \left(-\frac{RI^2}{2\pi a^2 L}x, 0, -\frac{RI^2}{2\pi a^2 L}z\right)$$

$$= -\frac{RI^2}{2\pi a^2 L}(x,0,z).$$

Assim, como mostra a figura do enunciado, S aponta para dentro do resistor sobre a superfície $\mathbb{S}_2$, em direção ao eixo do cilindro.

b) Pela geometria do problema, a escolha natural é o uso de coordenadas cilíndricas. Entretanto, deve-se tomar cuidado, pois os eixos estão dispostos de forma diferente da usual. Sendo θ o ângulo em relação ao eixo x no plano $\mathscr{O}xz$, uma parametrização de $\mathbb{S}_2$ é

$$\varphi(\theta, y) = (a\cos(\theta), y, a\,\text{sen}(\theta))$$

com $\theta \in (0, 2\pi)$ e $y \in [0, L]$.

c) Do item acima, a normal unitária exterior é $\mathbf{n} = (\varphi_\theta \times \varphi_y)/\|\varphi_\theta \times \varphi_y\| = (\cos(\theta), 0, \text{sen}(\theta))$. Por outro lado, o vetor de Poynting em $\mathbb{S}_2$ é

$$S(\varphi) = -\frac{RI^2}{2\pi a^2 L}(\cos(\theta), 0, \text{sen}(\theta)) = -\frac{RI^2}{2\pi a^2 L}\mathbf{n}.$$

Com isso, a projeção de S sobre a normal é $\langle S, \mathbf{n}\rangle = -\frac{RI^2}{2\pi a^2 L}$ e o fluxo de S por $\mathbb{S}_2$ é

$$\iint_{\mathbb{S}_2} \langle S, \mathbf{n}\rangle \, dS = -\iint_{\mathbb{S}_2} \frac{RI^2}{2\pi a^2 L} \, dS = -\frac{RI^2}{2\pi a^2 L}\iint_{\mathbb{S}_2} dS$$

$$= -\frac{RI^2}{2\pi a^2 L}(2\pi a^2 L) = -RI^2.$$

No cálculo acima, a integral $\iint_{\mathbb{S}_2} dS = 2\pi a^2 L$ é a área lateral do cilindro. O sinal negativo do fluxo de S por $\mathbb{S}_2$ significa que a energia eletromagnética flui para o interior do resistor nessa superfície.

d) Com base na figura do enunciado, a normal unitária exterior em $\mathbb{S}_1$ e $\mathbb{S}_3$ está na direção do eixo $\mathcal{O}y$ e, portanto, é perpendicular ao vetor de Poynting. Consequentemente, têm-se $\langle S, \mathbf{n}\rangle = 0$ nessas superfícies, ou seja, não há fluxo por $\mathbb{S}_1$ e $\mathbb{S}_3$. Assim, o fluxo de S pelo bordo do resistor é

$$\iint_{\partial C} \langle S, \mathbf{n}\rangle \, dS = \iint_{\mathbb{S}_2} \langle S, \mathbf{n}\rangle \, dS = -RI^2.$$

Como antes, o sinal negativo indica que a energia flui no sentido contrário ao da normal, ou seja, para dentro.

e) Os resultados dos itens anteriores mostram que a energia eletromagnética flui para o interior do cilindro. Por unidade de tempo, a energia fornecida pelos campos ao resistor é igual a energia térmica que deixa o resistor em forma de calor. Em outras palavras, toda energia eletromagnética é transformada em calor, o que vai ao encontro da definição dada no enunciado para um resistor. □

Questão 3: O teorema de Stokes se aplica?

A figura ilustra a superfície $\mathbb{S}$ de parametrização $\varphi(r, \theta) = (r\cos(\theta), r\,\text{sen}(\theta), \theta)$, com $(r, \theta) \in D = [0, 1] \times [0, \pi/2]$. Considere o bordo $\partial\mathbb{S} = \cup_{i=1}^4 C_i$ com a orientação indicada e o campo $F(x, y, z) = (z, x, y)$. A superfície $\mathbb{S}$ não é gráfico de uma função, pois inclui um segmento ao longo de $\mathcal{O}z$. Assim, o teorema de Stokes pode não ser aplicável nesse caso, e a questão é verificar se o teorema se aplica ou não.

a) Use um argumento geométrico para calcular $\int_{C_1} \langle F, T\rangle ds$, e repita o mesmo argumento para os caminhos C_2 e C_3.

b) Parametrize o caminho C_4 e calcule $\int_{C_4} \langle F, T\rangle ds$ em seguida.

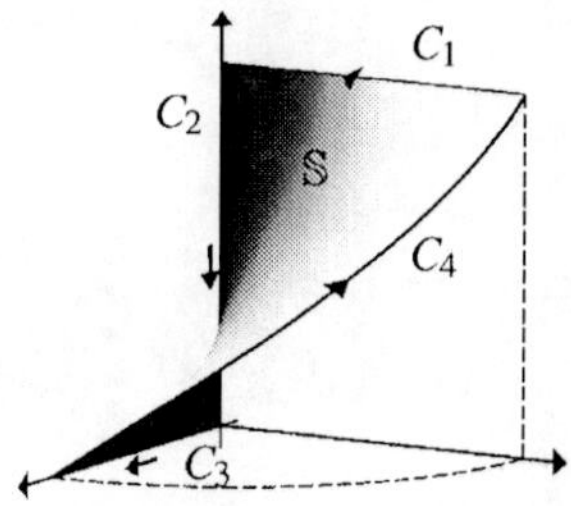

c) Calcule o elemento de área dS e o vetor $\mathbf{n}$ que é unitário, normal a $\mathbb{S}$ e compatível com o sentido positivo do bordo $\partial\mathbb{S}$.

d) Calcule o fluxo do rotacional de F através de $\mathbb{S}$ na direção $\mathbf{n}$.

e) Decida se o teorema de Stokes se aplica neste caso.

Solução.

a) 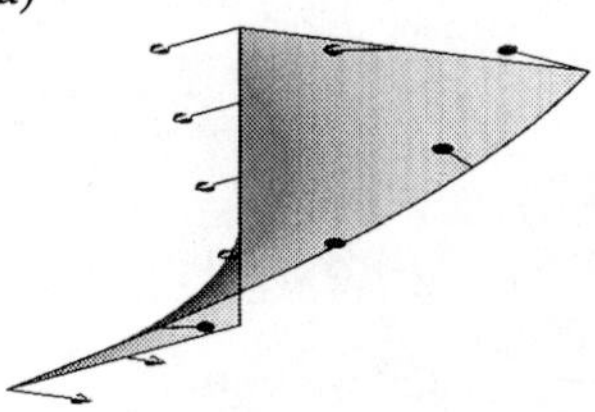

Com base na figura do enunciado, o vetor tangente a C_1 é $T = (0, -1, 0)$, pois aponta para o sentido negativo do eixo $\mathscr{O}y$. Por outro lado, o campo tem componente nula na direção de T, pois $F(P) = (\pi/2, 0, y)$ para $P = (0, y, \pi/2) \in C_1$. Isso implica que $\langle F, T\rangle = 0$ em C_1 e, portanto, $\int_{C_1} \langle F, T\rangle\, ds = 0$.

As integrais também são nulas nos outros caminhos. De fato, para C_2, o vetor tangente é $T = (0, 0, -1)$ e o campo vale $F(P) = (z, 0, 0)$ para $P = (0, 0, z) \in C_2$. Assim, têm-se que $\int_{C_2} \langle F, T\rangle\, ds = 0$. Analogamente se conclui que $\int_{C_3} \langle F, T\rangle\, ds = 0$. A figura ao lado ilustra F sobre $\partial\mathbb{S}$.

b) Da figura do enunciado, o caminho C_4 é composto por pontos nos quais $r = 1$ e $\theta \in [0, \pi/2]$, e pode ser parametrizado por $P(\theta) = \varphi(1, \theta) = (\cos(\theta), \mathrm{sen}(\theta), \theta)$ com $\theta \in [0, \pi/2]$. Nesse caso, o vetor velocidade é $P'(\theta) = (-\mathrm{sen}(\theta), \cos(\theta), 1)$ e a projeção do campo sobre ele é

$$\begin{aligned}\langle F(P(\theta)), P'(\theta)\rangle &= \langle(\theta, \cos(\theta), \mathrm{sen}(\theta)), (-\mathrm{sen}(\theta), \cos(\theta), 1)\rangle \\ &= -\theta\,\mathrm{sen}(\theta) + \cos^2(\theta) + \mathrm{sen}(\theta) \\ &= (1-\theta)\,\mathrm{sen}(\theta) + \cos^2(\theta).\end{aligned}$$

Então, a integral em questão é dada por

$$\begin{aligned}\int_{C_4} \langle F, T\rangle\, ds &= \int_0^{\frac{\pi}{2}} \langle F(P(\theta)), P'(\theta)\rangle\, d\theta \\ &= \int_0^{\frac{\pi}{2}} [(1-\theta)\,\mathrm{sen}(\theta) + \cos^2(\theta)]\, d\theta.\end{aligned}$$

Usando integração por partes para a primeira parcela e que $\cos^2(\theta) = \frac{1}{2}(\cos(2\theta)+1)$ para a segunda, chega-se a

$$\begin{aligned}\int_{C_4} \langle F,T\rangle\, ds &= [-(1-\theta)\cos(\theta)]\Big|_0^{\frac{\pi}{2}} - \int_0^{\frac{\pi}{2}} \cos(\theta)\, d\theta \\ &+ \frac{1}{2}\int_0^{\frac{\pi}{2}} (\cos(2\theta)+1)\, d\theta \\ &= 1-1+0+\frac{\pi}{4} = \frac{\pi}{4}.\end{aligned}$$

c) O primeiro passo para obter $\mathbf{n}$ e dS é calcular o produto $\varphi_r \times \varphi_\theta$ entre os vetores $\varphi_r = (\cos(\theta), \text{sen}(\theta), 0)$ e $\varphi_\theta = (-r\,\text{sen}(\theta), r\cos(\theta), 1)$. Assim,

$$\varphi_r \times \varphi_\theta = \det \begin{bmatrix} \mathbf{i} & \mathbf{j} & \mathbf{k} \\ \cos(\theta) & \text{sen}(\theta) & 0 \\ -r\,\text{sen}(\theta) & r\cos(\theta) & 1 \end{bmatrix} = (\text{sen}(\theta), -\cos(\theta), r).$$

Com isso, o elemento de área é

$$dS = \|\varphi_r \times \varphi_\theta\| dr d\theta = \sqrt{\text{sen}^2(\theta)+\cos^2(\theta)+r^2}\, dr d\theta = \sqrt{1+r^2}\, dr d\theta$$

e a normal é

$$\mathbf{n} = \frac{(\text{sen}(\theta), -\cos(\theta), r)}{\sqrt{1+r^2}}.$$

Sendo r positivo, a normal tem coordenada z positiva, o que a torna compatível com a orientação escolhida para $\mathbb{S}$.

d) Uma vez que o rotacional do campo é

$$\text{rot}F = \det \begin{bmatrix} \mathbf{i} & \mathbf{j} & \mathbf{k} \\ \partial_x & \partial_y & \partial_z \\ z & x & y \end{bmatrix} = (1,1,1),$$

a projeção sobre a normal é $\langle \text{rot}F, \mathbf{n}\rangle = (\text{sen}(\theta) - \cos(\theta) + r)/\sqrt{1+r^2}$. Assim, segue-se que

$$\begin{aligned}\iint_{\mathbb{S}} \langle \text{rot}F, \mathbf{n}\rangle\, dS &= \int_0^{\frac{\pi}{2}} \left(\int_0^1 (\text{sen}(\theta) - \cos(\theta) + r)\, dr \right) d\theta \\ &= \int_0^{\frac{\pi}{2}} \left(\text{sen}(\theta) - \cos(\theta) + \frac{1}{2} \right) d\theta = \frac{\pi}{4},\end{aligned}$$

pois as integrais do $\text{sen}(\theta)$ e do $\cos(\theta)$ são iguais nesse intervalo.

e) Do item a), sabe-se que os caminhos C_1, C_2 e C_3 não contribuem para a circulação pelo bordo $\partial\mathbb{S}$. Portanto, $\int_{\partial\mathbb{S}}\langle F,T\rangle\,ds = \int_{C_4}\langle F,T\rangle\,ds$ e, consequentemente, que

$$\int_{\partial\mathbb{S}}\langle F,T\rangle\,ds = \iint_{\mathbb{S}}\langle \text{rot}F,\mathbf{n}\rangle\,dS,$$

pois ambas integrais valem $\pi/4$. Assim, o teorema de Stokes se aplica. □

Questão 4: O anel saltante de Thomson

A figura ilustra o experimento do anel saltante de Thomson, em que o anel corresponde ao bordo $\partial\,\mathbb{S}$ do disco $\mathbb{S}$ de equação $x^2+y^2 \leq 1$ e $z=0$. Escolha a orientação $\mathbf{n}=(0,0,1)$ de $\mathbb{S}$ e indique por T o vetor unitário tangente a $\partial\,\mathbb{S}$ compatível com $\mathbf{n}$. Se o anel for submetido a um campo magnético alternado $B(P,t)=(L(P,t),\ M(P,t),\ N(P,t))$, ele exerce sobre o anel a força $F = I\oint_{\partial\mathbb{S}}(T\times B)\,ds$, onde I é a corrente induzida no anel.

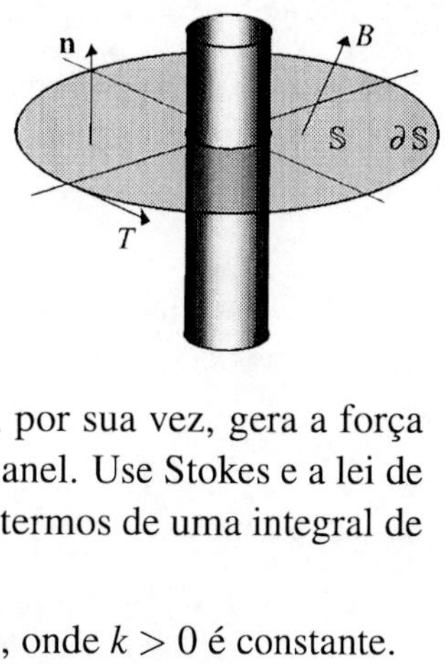

a) Obtenha uma parametrização positiva $P(\theta)$ de $\partial\,\mathbb{S}$, descreva o vetor $T=T(\theta)$ nessa parametrização e calcule $T\times B$ em termos das componentes desses vetores.

b) Calcule a componente vertical da integral $\oint_{\partial\mathbb{S}}(T\times B)\,ds$ supondo que, sobre o anel, $L(x,y,z,t)=ax\,\text{sen}(\omega t)$ e $M(x,y,z,t)=ay\,\text{sen}(\omega t)$, onde $a>0$ é constante.

c) O campo B induz um campo elétrico E que, por sua vez, gera a força eletromotriz $V(t)=\oint_{\partial\mathbb{S}}\langle E(\cdot,t),T\rangle ds$ sobre o anel. Use Stokes e a lei de Faraday $\text{rot}E=-B_t$ para expressar $V(t)$ em termos de uma integral de superfície envolvendo o campo B.

d) Calcule $V(t)$ supondo $N(x,y,z,t)=k\,\text{sen}(\omega t)$, onde $k>0$ é constante.

e) Calcule a corrente $I(t)$ usando as igualdades $V(t)=\ell I'(t)$ e $I(0)=0$, onde ℓ é a indutância do anel. Finalmente, daqui e de b), conclua que a força F sobre o anel tem componente vertical positiva, o que provoca o salto do anel.

Solução.

a) O bordo $\partial\mathbb{S}$ é uma circunferência de raio um e pode ser parametrizado por $P(\theta)=(\cos(\theta),\text{sen}(\theta),0)$, $\theta\in[0,2\pi]$. Nesse caso, o vetor velocidade já é unitário e, portanto, têm-se que $T = P'(\theta) = (-\operatorname{sen}(\theta), \cos(\theta), 0)$. Assim, o produto $T \times B$ é dado por

$$T \times B = \det \begin{bmatrix} \mathbf{i} & \mathbf{j} & \mathbf{k} \\ -\operatorname{sen}(\theta) & \cos(\theta) & 0 \\ L & M & N \end{bmatrix}$$

$$= (\cos(\theta)N, \operatorname{sen}(\theta)N, -\operatorname{sen}(\theta)M - \cos(\theta)L),$$

onde as funções L, M e N devem ser avaliadas no ponto $P(\theta)$.

b) Em um ponto $P(\theta)$, as componentes do campo valem

$$L(P(\theta),t) = a\cos(\theta)\operatorname{sen}(\omega t) \ \text{ e } \ M(P(\theta),t) = a\operatorname{sen}(\theta)\operatorname{sen}(\omega t)$$

Com isso, a componente vertical do produto $T \times B$ é

$$(T \times B)_z = -a\operatorname{sen}^2(\theta)\operatorname{sen}(\omega t) - a\cos^2(\theta)\operatorname{sen}(\omega t) = -a\operatorname{sen}(\omega t).$$

Uma vez que essa componente depende apenas do tempo, segue-se que

$$\int_{\partial\mathbb{S}} (T \times B)_z\, ds = -\int_{\partial\mathbb{S}} a\operatorname{sen}(\omega t)\, ds = -a\operatorname{sen}(\omega t)\int_{\partial\mathbb{S}} ds = -2\pi a\operatorname{sen}(\omega t).$$

Note que a última das integrais acima corresponde ao perímetro do anel.

c) A aplicação de Stokes para $V(t)$ já traz a integral de superfície para o palco, uma vez que

$$V(t) = \int_{\partial\mathbb{S}} \langle E, T\rangle ds = \iint_{\mathbb{S}} \langle \operatorname{rot} E, \mathbf{n}\rangle\, dS.$$

Por outro lado, a lei de Faraday permite reescrever o resultado acima em termos do campo magnético como

$$V(t) = \iint_{\mathbb{S}} \langle -B_t, \mathbf{n}\rangle\, dS.$$

Desse modo, a força eletromotriz está relacionada ao fluxo de B_t por $\mathbb{S}$.

d) Com $N(P,t) = k\operatorname{sen}(\omega t)$, a projeção da derivada do campo sobre a normal é

$$\langle -B_t, \mathbf{n}\rangle = \langle -(L_t, M_t, N_t), (0,0,1)\rangle = -N_t = -k\omega\cos(\omega t),$$

resultado que depende apenas de t. Assim, a força eletromotriz vale

$$V(t) = \iint_{\mathbb{S}} \langle -B_t, \mathbf{n}\rangle\, dS = -\iint_{\mathbb{S}} k\omega\cos(\omega t)\, dS$$

$$= -k\omega\cos(\omega t)\iint_{\mathbb{S}} dS = -k\pi\omega\cos(\omega t).$$

Note que a última integral equivale à área de $\mathbb{S}$.

e) Da solução anterior, a corrente é dada por

$$I(t) = I(0) + \frac{1}{l}\int_0^t V(\tau)\,d\tau = -\frac{k\pi\omega}{l}\int_0^t \cos(\omega\tau)\,d\tau = -\frac{k\pi}{l}\,\mathrm{sen}(\omega t).$$

O sinal negativo na expressão acima indica que a corrente flui no sentido horário se o seno for positivo e no sentido anti-horário caso contrário. Do resultado do item b), a componente vertical da força é

$$F_z(t) = I(t)\int_{\partial\mathbb{S}} (T \times B)_z\,ds = \frac{2k\pi^2 a}{l}\,\mathrm{sen}^2(\omega t).$$

Sendo todas as constantes positivas, têm-se que $F_z(t) \geq 0$ para qualquer t. Assim, enquanto as outras componentes de F tentam expandir ou contrair o anel no plano $\mathscr{O}xy$, a componente F_z faz com que o anel pule. □

13. Teorema de Gauss

As questões deste capítulo ilustram aplicações diversas do teorema da divergência. Assim como o teorema de Stokes, o teorema da divergência relaciona conceitos encontrados ao longo de todo o livro. Na física, o teorema é peça chave para diversas leis de conservação, desde a conservação de massa na física clássica até a conservação de probabilidade na física quântica.

Questão 1: Volume de sólidos e o teorema da divergência

Suponha que um reservatório, na forma de um hemisfério de raio R, esteja abastecido de água até a altura H. Denote por $Q \subset \mathbb{R}^3$ a região ocupada pela água e por V o seu volume. Para o cálculo de V, considere o campo $F(x,y,z) = (x,y,z)$ e denote por $\mathbf{n}$ a normal unitária exterior a Q. Observe que $\partial Q = \mathbb{S}_1 \cup \mathbb{S}_2 \cup \mathbb{S}_3$, em que $\mathbb{S}_1$ é a superfície de cima, $\mathbb{S}_2$ é a superfície lateral e $\mathbb{S}_3$ é o fundo da região Q, conforme ilustra a figura abaixo. Julgue os itens a seguir

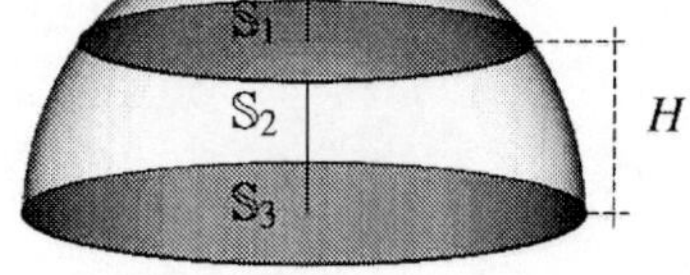

C | E a) Em $\mathbb{S}_3$, a projeção ortogonal de F sobre $\mathbf{n}$ é nula.

C | E b) $\mathbb{S}_1$ é um disco de raio $\sqrt{R^2+H^2}$.

C | E c) $\iint_{\mathbb{S}_1} \langle F, \mathbf{n} \rangle \, dS = R \times$ área de $\mathbb{S}_1$.

C | E d) Usando coordenadas esféricas, obtém-se que a área de $\mathbb{S}_2$ é $2\pi HR$.

C | E e) Do Teorema da Divergência segue-se que o volume é dado por $V = \frac{1}{3}(R \times \text{área de } \mathbb{S}_1 + H \times \text{área de } \mathbb{S}_2)$.

Solução.

C E a) A superfície $\mathbb{S}_3$ é a base do reservatório e contêm pontos com coordenada $z = 0$. Nesse caso, a componente z do campo é nula, pois $F(x,y,0) = (x,y,0)$. Por outro lado, a normal unitária exterior em $\mathbb{S}_3$ tem a direção do eixo $\mathscr{O}z$ e aponta para baixo, ou seja, $\mathbf{n} = (0,0,-1)$. Com isso, a projeção em $\mathbb{S}_3$ é $\langle F(x,y,0),\mathbf{n}\rangle = \langle (x,y,0),(0,0,-1)\rangle = 0$. Assim, a afirmação do item está certa.

C E b)

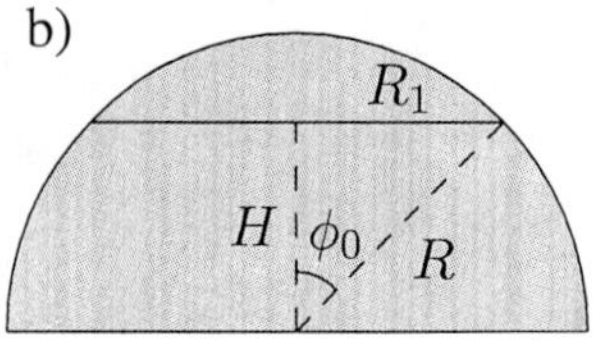

Como mostra a figura ao lado, o raio R_1 de $\mathbb{S}_1$ é um dos catetos de um triângulo retângulo, cuja hipotenusa é R e o outro cateto é H. Por isso, segue-se que $R^2 = H^2 + R_1^2 \Rightarrow R_1 = \sqrt{R^2 - H^2}$.

Assim, a afirmação do item está errada.

C E c) De forma semelhante ao visto no item a) para $\mathbb{S}_3$, os ponto de $\mathbb{S}_1$ possuem coordenada $z = H$ e a normal unitária exterior à $\mathbb{S}_1$ é $\mathbf{n} = (0,0,1)$. Assim, $\langle F,\mathbf{n}\rangle = \langle (x,y,H),(0,0,1)\rangle = H$ e

$$\iint_{\mathbb{S}_1} \langle F,\mathbf{n}\rangle\, dS = H \iint_{\mathbb{S}_1} dS = H \times \text{Área de } \mathbb{S}_1.$$

Esse resultado é consistente com dois casos extremos. Se $H = R$, a superfície $\mathbb{S}_1$ terá área nula e não é possível ter um fluxo não nulo. Se $H = 0$, têm-se que $\langle F,\mathbf{n}\rangle = 0$, como visto no item a), o que também anula o fluxo. A afirmação do item está errada, pois troca H por R.

C E d) A superfície $\mathbb{S}_2$ pode ser parametrizada por

$$\varphi(\theta,\phi) = (R\cos(\theta)\operatorname{sen}(\phi), R\operatorname{sen}(\theta)\operatorname{sen}(\phi), R\cos(\phi))$$

com $(\theta,\phi) \in [0,2\pi] \times [\phi_0, \pi/2]$, onde ϕ_0 é o ângulo indicado na figura do item b) e dado por $\phi_0 = \arccos(H/R)$. Como usual para essa escolha de parametrização, o elemento de área é $dS = R^2 \operatorname{sen}(\phi)\, d\theta d\phi$. Assim, a área de $\mathbb{S}_2$ é

$$\iint_{\mathbb{S}_2} dS = \int_0^{2\pi} \left(\int_{\phi_0}^{\frac{\pi}{2}} R^2 \operatorname{sen}(\phi)\, d\phi \right) d\theta = 2\pi R^2 (-\cos(\phi)) \Big|_{\phi_0}^{\frac{\pi}{2}}$$
$$= 2\pi R^2 \cos(\phi_0) = 2\pi H R.$$

Como esperado, se $H = R$, a expressão acima fornece a área de um hemisfério. Portanto, a afirmação do item está certa.

C E e) Nesse caso, o teorema da divergência diz que

$$\iiint_Q \operatorname{div} F\, dxdydz = \iint_{\partial Q} \langle F, \mathbf{n} \rangle\, dS$$

$$= \iint_{\mathbb{S}_1} \langle F, \mathbf{n} \rangle\, dS + \iint_{\mathbb{S}_2} \langle F, \mathbf{n} \rangle\, dS + \iint_{\mathbb{S}_3} \langle F, \mathbf{n} \rangle\, dS.$$

A integral sobre $\mathbb{S}_1$ foi calculada no item c), enquanto que a integral sobre $\mathbb{S}_3$ é nula pelo resultado do item a). Com a parametrização adotada acima, têm-se que $\mathbf{n} = \varphi / \|\varphi\|$, onde $\|\varphi\| = R$. Uma vez que $F(\varphi) = \varphi$, a integral sobre $\mathbb{S}_2$ vale

$$\iint_{\mathbb{S}_2} \langle F, \mathbf{n} \rangle\, dS = \iint_{\mathbb{S}_2} \left\langle \varphi, \frac{\varphi}{\|\varphi\|} \right\rangle dS = \iint_{\mathbb{S}_2} \frac{\|\varphi\|^2}{\|\varphi\|}\, dS = R \iint_{\mathbb{S}_2} dS$$

$$= R \times \text{Área de } \mathbb{S}_2.$$

Assim, sendo $\operatorname{div} F = 3$, segue-se que

$$3V = \iiint_Q \operatorname{div} F\, dxdydz = \iint_{\mathbb{S}_1} \langle F, \mathbf{n} \rangle\, dS + \iint_{\mathbb{S}_2} \langle F, \mathbf{n} \rangle\, dS$$

$$= H \times \text{Área de } \mathbb{S}_1 + R \times \text{Área de } \mathbb{S}_2.$$

Ou seja, o volume é $V = \frac{1}{3}(H \times \text{Área de } \mathbb{S}_1 + R \times \text{Área de } \mathbb{S}_2)$. A afirmação do item está errada, pois H e R estão trocados novamente. Como antes, a checagem para os casos em que $H = 0$ e $H = R$ apoiam o resultado obtido. □

Questão 2: Antenas e o argumento de excisão

As ondas de certas antenas se propagam segundo o vetor de Poynting médio

$$F(x,y,z) = K \frac{x^2 + y^2}{(x^2 + y^2 + z^2)^{5/2}} (x,y,z), \quad K = \text{constante}$$

Para uma superfície fechada $\mathbb{S}$ que contém a antena em seu interior, a potência média radiada através de $\mathbb{S}$ é o fluxo de F na direção da normal exterior. Suponha que a antena esteja na origem do sistema $\mathscr{O}xyz$, indique por $\mathbb{S}_a$ a esfera de raio $a > 0$ e centro na origem e por Q_a o sólido compreendido entre $\mathbb{S}$ e $\mathbb{S}_a$, de modo que ∂Q_a é a união das superfícies $\mathbb{S}$ e $\mathbb{S}_a$. Veja a figura abaixo.

a) Obtenha a parametrização $\varphi \colon D \to \mathbb{R}^3$ e o elemento de área dS de $\mathbb{S}_a$ em coordenadas esférias.

b) Expresse, em coordenadas esféricas, os vetores de Poynting médio e o normal unitário exterior $\mathbf{n}_a$ à esfera $\mathbb{S}_a$.

c) Use os itens acima para calcular o fluxo de F através de $\mathbb{S}_a$ na direção $\mathbf{n}_a$.

d) Pode-se mostrar que $\operatorname{div} F \equiv 0$ fora da origem. Use essa informação para calcular o fluxo de F através do bordo ∂Q_a.

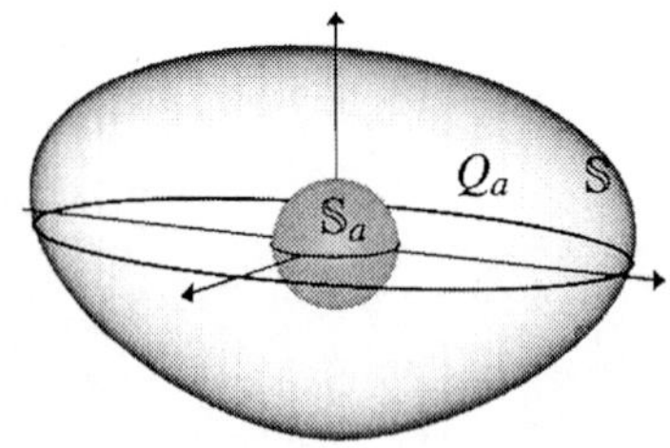

e) Conclua que a potência média radiada pela antena é independente de $\mathbb{S}$.

Solução.

a) A parametrização usual da esfera de raio a em coordenadas esféricas é

$$\varphi(\theta,\phi) = (a\cos(\theta)\operatorname{sen}(\phi), a\operatorname{sen}(\theta)\operatorname{sen}(\phi), a\cos(\phi))$$

com $(\theta,\phi) \in (0,2\pi)\times(0,\pi)$. Com isso, o produto

$$\varphi_\theta \times \varphi_\phi = \det\begin{bmatrix} \mathbf{i} & \mathbf{j} & \mathbf{k} \\ -a\operatorname{sen}(\theta)\operatorname{sen}(\phi) & a\cos(\theta)\operatorname{sen}(\phi) & 0 \\ a\cos(\theta)\cos(\phi) & a\operatorname{sen}(\theta)\cos(\phi) & -a\operatorname{sen}(\phi) \end{bmatrix}$$

$$= -a^2\cos(\theta)\operatorname{sen}^2(\phi)\mathbf{i} - a^2\operatorname{sen}(\theta)\operatorname{sen}^2(\phi)\mathbf{j} - a^2\operatorname{sen}(\phi)\cos(\phi)\mathbf{k}$$

determina o elemento de área $dS = \|\varphi_\theta \times \varphi_\phi\|\, d\theta d\phi = a^2\operatorname{sen}(\phi)\, d\theta d\phi$.

b) No caso da esfera, a normal unitária exterior é

$$\mathbf{n}_a = \frac{\varphi}{\|\varphi\|} = (\cos(\theta)\operatorname{sen}(\phi), \operatorname{sen}(\theta)\operatorname{sen}(\phi), \cos(\phi)),$$

em que φ é a parametrização escolhida no item anterior. Com um olhar cuidadoso sobre $F(x,y,z)$, percebe-se que o vetor unitário $(x,y,z)/(x^2+y^2+z^2)^{1/2}$ tem a mesma direção e o mesmo sentido que $\mathbf{n}_a$. Ao formar o vetor acima, sobra o termo $(x^2+y^2+z^2)^{4/2}$ no denominador, que vale ρ^4 em coordenadas esféricas. Como, em coordenadas esféricas, $x^2+y^2 = \rho^2\operatorname{sen}^2(\phi)$, o vetor de Poynting é escrito como

$$\hat{F}(\rho,\theta,\phi) = K\frac{\operatorname{sen}^2(\phi)}{\rho^2}\mathbf{n}_a.$$

Assim, a potência flui radialmente para longe da origem, enquanto sua densidade decai com a distância ao quadrado.

c) Em $\mathbb{S}_a$, a intensidade do campo depende apenas de ϕ, pois $\hat{F}(a,\theta,\phi) = \frac{K}{a^2}\operatorname{sen}^2(\phi)\mathbf{n}_a$. Portanto, o fluxo em questão vale

$$\iint_{\mathbb{S}_a} \langle F, \mathbf{n}_a \rangle \, dS = \int_0^{2\pi} \left(\int_0^{\pi} \left\langle \frac{K}{a^2} \operatorname{sen}^2(\phi)\mathbf{n}_a, \mathbf{n}_a \right\rangle a^2 \operatorname{sen}(\phi)\, d\phi \right) d\theta$$

$$= 2\pi K \int_0^{\pi} \operatorname{sen}^3(\phi)\, d\phi = \frac{8\pi}{3} K.$$

O seno ao cubo pode ser reescrito como $\operatorname{sen}^3(\phi) = \operatorname{sen}(\phi)\operatorname{sen}^2(\phi) = \operatorname{sen}(\phi)(1-\cos^2(\phi))$, o que permite calcular a última das integrais através da substituição $u = \cos(\phi)$. Como esperado, o fluxo é positivo e, assim como o campo, é proporcional a K.

d) Como Q_a é uma união de regiões simples e F é de classe C^1 fora da origem, o teorema da divergência pode ser aplicado, resultando em

$$\iint_{\partial Q_a} \langle F, \mathbf{n} \rangle \, dS = \iiint_{Q_a} \operatorname{div} F \, dxdydz = 0.$$

Esse resultado significa que não há um acumulo ou absorção de energia em Q_a, pois a potência que sai é igual a potência que entra na região.

e) Como consequência direta do item anterior, segue-se que

$$0 = \iint_{\partial Q_a} \langle F, \mathbf{n} \rangle \, dS = \iint_{\mathbb{S}} \langle F, \mathbf{n} \rangle \, dS - \iint_{\mathbb{S}_a} \langle F, \mathbf{n} \rangle \, dS.$$

Portanto, o fluxo de F por $\mathbb{S}$ é igual aquele por $\mathbb{S}_a$ calculado no item c), ou seja, $\iint_{\mathbb{S}} \langle F, \mathbf{n} \rangle \, dS = \frac{8}{3}\pi K$ independentemente da superfície $\mathbb{S}$. Em outras palavras, a potência média que passa por $\mathbb{S}_a$ também passará por $\mathbb{S}$, sem que nada seja absorvido em Q_a. □

Questão 3: Ângulos sólidos e o teorema da divergência

O ângulo sólido Ω subtendido por uma superfície $\mathbb{S}$ a partir de um vértice P_0 é o conjunto de todos os raios que partem de P_0 e passam por $\mathbb{S}$. Se $\mathbb{S}_a$ indica a interseção de Ω com a esfera de raio a e centro em P_0, então a medida de Ω é

$$|\Omega| = \frac{1}{a^2} \text{ área de } \mathbb{S}_a$$

Indique por Q a parte de Ω que está entre $\mathbb{S}$ e $\mathbb{S}_a$, e por $\mathbf{n}$ a normal unitária exterior a Q. Sem perda de generalidade, suponha que $P_0 = (0,0,0)$.

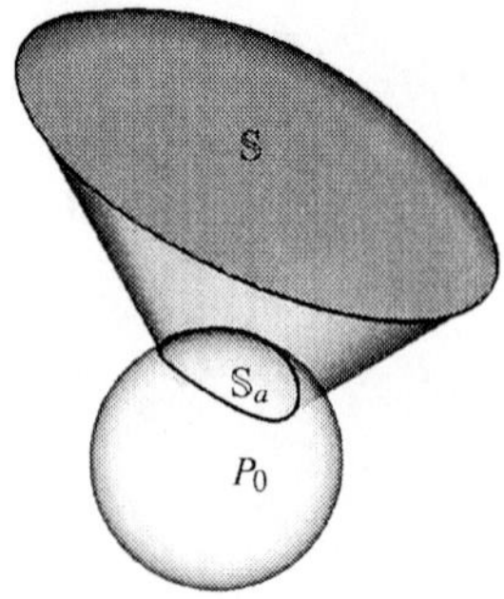

a) Calcule o divergente do campo $F(P) = P/\|P\|^3$.

b) Obtenha a expressão de $\mathbf{n}(P)$ em um ponto $P \in \mathbb{S}_a$.

c) Use os itens anteriores e o teorema da divergência para calcular a área de $\mathbb{S}_a$ em termos de uma integral sobre $\mathbb{S}$.

d) Conclua que $|\Omega|$ não depende do raio a.

e) Calcule a medida do ângulo sólido subtendido pela superfície triangular de vértices em $(2,0,0)$, $(0,3,0)$ e $(0,0,2)$.

Solução.

a) Indicando por $F = (L, M, N)$ as coordenadas do campo, tem-se que $L(x,y,z) = \frac{x}{(x^2+y^2+z^2)^{3/2}}$ tem derivada L_x dada por

$$
\begin{aligned}
L_x(x,y,z) &= \frac{1}{(x^2+y^2+z^2)^{3/2}} - \frac{3}{2}\frac{x}{(x^2+y^2+z^2)^{5/2}}(2x) \\
&= \frac{-2x^2+y^2+z^2}{(x^2+y^2+z^2)^{5/2}}.
\end{aligned}
$$

Analogamente, as outras derivadas são

$$
M_y = \frac{x^2-2y^2+z^2}{(x^2+y^2+z^2)^{5/2}} \quad \text{e} \quad N_z = \frac{x^2+y^2-2z^2}{(x^2+y^2+z^2)^{5/2}}.
$$

A soma das três derivadas se anula e, portanto, $\operatorname{div} F = L_x + M_y + N_z \equiv 0$.

b) Uma vez que P_0 é a origem, a normal unitária exterior em um ponto $P \in \mathbb{S}_a$ é $\mathbf{n}(P) = -P/\|P\|$. O sinal negativo é escolhido com base na imagem do enunciado, pois $\mathbf{n}$ é exterior a Q e, por isso, aponta para o interior da esfera. Como $\|P\| = a$ sobre $\mathbb{S}_a$, pode-se escrever a normal como $\mathbf{n}(P) = -P/a$.

c) Indique por $\mathbb{S}_l$ a superfície lateral Q, de forma que $\partial Q = \mathbb{S} \cup \mathbb{S}_a \cup \mathbb{S}_l$. É claro que o campo F tem direção paralela aos raios que saem da origem e, portanto, é tangente à $\mathbb{S}_l$. Assim, $\langle F, \mathbf{n}\rangle = 0$ em $\mathbb{S}_l$.

Por outro lado, como $\operatorname{div} F$ é nulo e $\langle F, \mathbf{n}\rangle = 0$ em $\mathbb{S}_l$, tem-se que

$$0 = \iiint_Q \operatorname{div} F\, dxdydz = \iint_{\partial Q} \langle F, \mathbf{n} \rangle\, dS$$
$$= \iint_{\mathbb{S}} \langle F, \mathbf{n} \rangle\, dS + \iint_{\mathbb{S}_a} \langle F, \mathbf{n} \rangle\, dS + \iint_{\mathbb{S}_l} \langle F, \mathbf{n} \rangle\, dS$$
$$= \iint_{\mathbb{S}} \langle F, \mathbf{n} \rangle\, dS + \iint_{\mathbb{S}_a} \langle F, \mathbf{n} \rangle\, dS$$

Para calcular a última integral do lado direito, vale lembrar que, para $P \in \mathbb{S}_a$, tem-se que $F(P) = P/a^3$ e $\mathbf{n}(P) = -P/a$. Assim $\langle F, \mathbf{n} \rangle = -1/a^2$ em $\mathbb{S}_a$. Deste resultado e da última igualdade acima, obtêm-se que

$$\iint_{\mathbb{S}} \langle F, \mathbf{n} \rangle\, dS = -\iint_{\mathbb{S}_a} \langle F, \mathbf{n} \rangle\, dS = \frac{1}{a^2} \iint_{\mathbb{S}_a} dS = \frac{\text{área de } \mathbb{S}_a}{a^2}.$$

Daí segue-se finalmente que área de $\mathbb{S}_a = a^2 \iint_{\mathbb{S}} \langle F, \mathbf{n} \rangle\, dS$.

d) Como consequência direta do item anterior, segue-se que

$$|\Omega| = \frac{1}{a^2} \text{área de } \mathbb{S}_a = \iint_{\mathbb{S}} \langle F, \mathbf{n} \rangle\, dS.$$

Assim, a medida de Ω depende apenas de $\mathbb{S}$ e de F e independe do raio a.

e) A figura ao lado ilustra a superfície triangular e a superfície $\mathbb{S}_a$ para a suficientemente pequeno. Nesse caso, a superfície está toda em um octante do sistema de eixos e a área de $\mathbb{S}_a$ corresponde a um oitavo da área de uma esfera de raio a. Portanto, a medida do ângulo sólido é

$$|\Omega| = \frac{1}{a^2} \text{área de } \mathbb{S}_a = \frac{1}{a^2} \left(\frac{1}{8} 4\pi a^2 \right) = \frac{\pi}{2}.$$

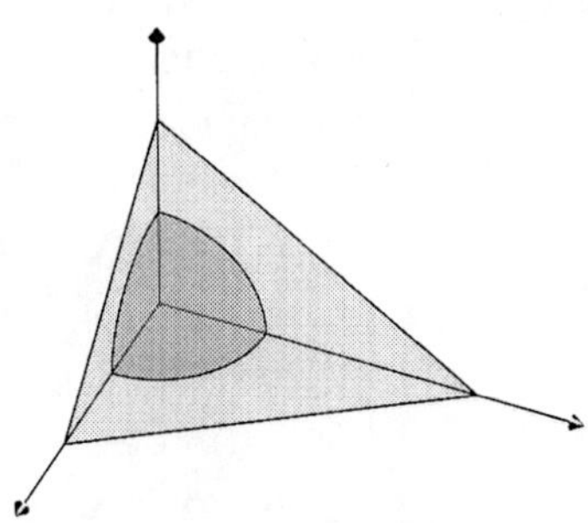

□

Questão 4: A lei do empuxo de Arquimedes

Considere um sistema $\mathcal{O}xyz$ em que z mede a profundidade de um líquido de densidade constante δ_0. Suponha que o sólido Q, limitado pela esfera $x^2 + y^2 + z^2 = 1$ e pelo cone $z = \sqrt{x^2 + y^2}$, esteja imerso nesse líquido, e indique por $\mathbf{n} = (\mathbf{n_1}, \mathbf{n_2}, \mathbf{n_3})$ a normal unitária exterior ao ∂Q. Nesse caso, a intensidade da pressão exercida pelo líquido no ponto (x, y, z) é $p(x, y, z) = \delta_0 g z$, onde g é a aceleração da gravidade. Além disso, como a pressão atua na direção normal, a força exercida pelo líquido sobre o elemento de área dS do bordo é $dF = -p\,\mathbf{n}\,dS = (-p\,\mathbf{n_1}\,dS, -p\,\mathbf{n_2}\,dS, -p\,\mathbf{n_3}\,dS)$. A força total $F = (F_1, F_2, F_3)$ é então a soma de todas as forças infinitesimais dF.

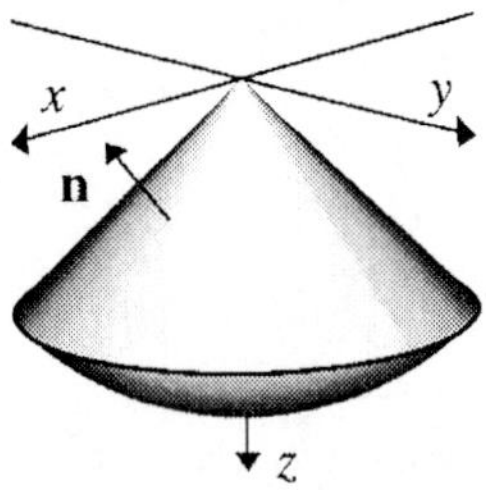

a) Descreva o sólido Q em coordenadas esféricas.

b) Calcule a massa M e o peso $W = Mg$ do volume do líquido deslocado por Q.

c) Use um argumento infinitesimal para expressar as componentes de F em termos de integrais de superfícies sobre o ∂Q.

d) Observando que $-p\,\mathbf{n_1} = \langle R_1, \mathbf{n}\rangle$ onde $R_1 = (-p, 0, 0)$, e analogamente para $-p\,\mathbf{n_2}$ e $-p\,\mathbf{n_3}$, use o item anterior e o teorema de Gauss para expressar F em termos de integrais sobre Q.

e) Expresse a força F apenas em termos das quantidades obtidas no item b).

Solução.

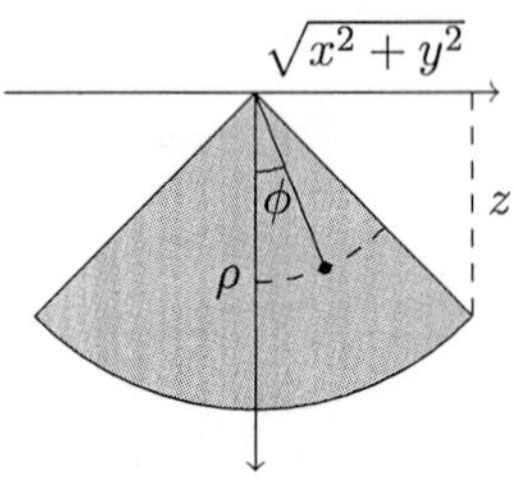

a) A figura ilustra um corte de Q por um plano que contêm o eixo $\mathcal{O}z$. Para um ponto em Q, pode-se ver que $\rho \in [0,1]$ e que $\phi \in [0, \phi_0]$, onde ϕ_0 é o ângulo entre o eixo $\mathcal{O}z$ e o cone. A equação para o cone, $z = \sqrt{x^2+y^2}$, indica que ϕ_0 é um dos ângulos de um triângulo retângulo de base igual à altura, ou seja, $\phi_0 = \pi/4$.

Por fim, por conta da simetria, sabe-se que $\theta \in [0, 2\pi]$. Portanto,

$$\hat{Q} = \left\{(\rho, \theta, \phi) \in \mathbb{R}^3;\ 0 < \rho \leq 1,\ 0 < \theta < 2\pi \ \text{ e } \ 0 < \phi \leq \frac{\pi}{4}\right\}$$

é a descrição de Q em coordenadas esféricas.

b) Por conta da densidade constante, a massa de líquido deslocada é $M = \delta_0 V$, em que V é o volume do sólido, dado por

$$\begin{aligned} V &= \iiint_Q dx\,dy\,dz = \iiint_{\hat{Q}} \rho^2 \operatorname{sen}(\phi)\, d\rho\, d\theta\, d\phi \\ &= \int_0^{\frac{\pi}{4}} \int_0^{2\pi} \left(\int_0^1 \rho^2 \operatorname{sen}(\phi)\, d\rho \right) d\theta\, d\phi \end{aligned}$$

$$= 2\pi\delta_0 \left(\int_0^{\frac{\pi}{4}} \operatorname{sen}(\phi)\, d\phi \right) \left(\int_0^1 \rho^2\, d\rho \right) = \frac{2}{3}\pi \left(1 - \frac{\sqrt{2}}{2} \right).$$

Logo, o peso do líquido deslocado é $W = Mg = g\delta_0 V = \frac{2}{3}\pi\delta_0 g(1 - \frac{\sqrt{2}}{2})$.

c) A componente F_1 é a soma das forças $-p\mathbf{n}_1 dS$ agindo sobre todos os elementos de área de ∂Q. O análogo acontece para F_2 e F_3. Assim,

$$F = (F_1, F_2, F_3) = \left(\iint_{\partial Q} (-p\mathbf{n}_1)\, dS, \iint_{\partial Q} (-p\mathbf{n}_2)\, dS, \iint_{\partial Q} (-p\mathbf{n}_3)\, dS \right).$$

d) Para a componente F_1, reescrever $-p\mathbf{n}_1$ como $\langle R_1, \mathbf{n} \rangle$ permite que a integral sobre ∂Q seja reinterpretada como sendo o fluxo de R_1 pelo bordo. Com a aplicação do teorema de Gauss, segue-se que

$$F_1 = \iint_{\partial Q} (-p\mathbf{n}_1)\, dS = \iint_{\partial Q} \langle R_1, \mathbf{n} \rangle\, dS = \iiint_Q \operatorname{div} R_1\, dxdydz.$$

Com $R_2 = (0, -p, 0)$ e $R_3 = (0, 0, -p)$, o mesmo raciocínio é válido para as outras componentes. Entretanto, apenas F_3 é diferente de zero, pois $\operatorname{div} R_1 = -p_x = 0$, $\operatorname{div} R_2 = -p_y = 0$ e $\operatorname{div} R_3 = -p_z = -\delta_0 g$. Logo,

$$F = \left(0, 0, \iiint_Q (-\delta_0 g)\, dxdydz \right).$$

e) Com a aceleração da gravidade sendo constante, o resultado obtido acima pode ser reescrito como $F_3 = -Mg = -W$. Para isso, basta comparar a integral que define F_3 com aquela usada para o cálculo de M. Portanto, a força $F = (0, 0, -W)$ aponta para cima, no sentido negativo do eixo $\mathcal{O}z$, e, em módulo, é igual ao peso do líquido que poderia ocupar o volume de Q. Essa é a lei do empuxo de Arquimedes. □